화공 열역학

R을 이용한 혼합물의 기액평형 해석

도진환 지음

CHEMICAL ENGINEERING THERMODYNAMICS

도서출판 동화기술

머리말

_화공열역학 : R을 이용한 혼합물의 기액평형 해석

이 책은 화공열역학에서 혼합물의 기액평형(vapor-liquid equilibria, VLE)을 해석하기 위한 기본 모델들을 소개하고 R 프로그램(https://www.r-project.org)을 이용하여 상평형 문제를 다루는 방법을 제시하였다. 혼합물의 기액평형은 분리/정제 공정을 비롯한 화학공정의 여러 분야에 광범위하게 응용되고 있는 실정이며 대부분 상용 공정설계 프로그램들은 기액평형 계산 모듈을 포함하고 있다. 하지만, 기액평형 모델에 대한 명확한 이해 없이 자동화된 계산이 가능한 상용 프로그램을 사용하는 것은 많은 오류를 범할 수 있다. 이 책은 혼합물의 기액평형에 관련된 모델들과 수식들을 순차적으로 설명해 나가면서 학습자 스스로가 모델을 직접 프로그래밍을 통해 시뮬레이션 해볼 수 있도록 함으로써 기액평형에 대한 개념과 이해를 강화할 수 있도록 하였다. 수식 및 모델의 프로그래밍은 무료로 사용할 수 있으면서도 객체 지향의 고급 프로그래밍 및 전문적인 그래픽 기능을 갖춘 R을 이용하였다.

혼합물의 기액평형을 기술하기 위해 요구되는 성분 휘산도를 계산하기 위해 기체상에 대해서는 상태방정식(비리얼 상태식, 반 데어 발스, Redlich / Kwong, Soave / Redlich / Kwong, Peng / Robsion 상태식 등)을, 액체상에 대해서는 활동도 계수 모델(Margules, Wilson, NRTL, UNIQUAC/UNIFAC 등)을 활용하는 방법을 소개하였다. 상태방정식들로부터 휘산도 계수를 유도하는 과정과 활동도 계수 모델들로부터 활동도 계수를 유도하는 과정을 자세히 다룸으로써 모델에 대한 체계적인 이해가 가능하도록 하였으며, 각 모델에 대한 예제 프로그램을 통해 응용력을 배양할 수 있도록 하였다.

화공열역학에서 다루는 혼합물의 기액평형에 대해 체계적인 학습을 희망하거나 기액평형에 기반한 공정개발 및 이와 관련된 업무를 수행하는 분들에게 이 책이 작은 도움이 되기를 바라는 마음으로, 부족하지만 출간을 결정하게 되었다.

차례

CHAPTER 5 활동도 계수와 휘산도 계수를 이용한 기액 평형 서술

부록

CHAPTER 1

열역학적 평형

열역학 제2법칙에 따르면 비가역적 과정이나 자발적으로 일어나는 과정에서 고립계의 전체 엔트로피는 증가한다. 즉, 비가역 과정에서 일어난 계의 엔트로피 변화를 ΔS_{sys}, 주위의 엔트로피 변화를 ΔS_{surr} 라고 할 때 전체 엔트로피 변화 $\Delta S_{total} = \Delta S_{sys} + \Delta S_{surr}$ 는 항상 양의 값을 가진다. 가역적 과정인 경우에는 $\Delta S_{total} = 0$이 된다. 이를 수학적으로 기술하면 아래와 같다.

$$\Delta S_{total}|_{E,\,V,\,N} \geq 0 \tag{1.1}$$

식 1.1은 열과 물질의 이동이 없어 계 내의 전체 에너지(E), 전체 부피(V), 전체 물질의 몰수(N)가 일정한 고립계에서 일어나는 모든 비가역 과정은 엔트로피의 증가를 가져오며 가역과정인 경우에만 엔트로피의 변화가 없음을 나타낸다. 이러한 고립계가 평형상태에 도달하면 계 내의 전체 엔트로피는 더 이상 증가할 수 없으므로 최대가 되며 이를 엔트로피 최대 원리(entropy maximum principle)라고 한다. 식 1.1은 열역학 제2법칙을 나타내고 있지만 엔트로피가 직접 관찰될 수 없는 양이라는 점과 현실적으로 다루는 대부분의 계는 고립계가 아니라는 점에서 식 1.1은 다소 불편함이 있다. 이를 해결하기 위해 열은 이동이 가능하지만 물질의 이동은 불가능한 닫힌계에서 열역학 제2법칙은 다음과 같이 나타낼 수 있다.

$$\Delta U_{total} \leq 0|_{S,\,V,\,N} \tag{1.2}$$

식 1.2는 계 내의 전체 엔트로피, 전체 부피, 전체 몰수가 일정한 닫힌계에서 모든 비가역 과정은 전체 내부에너지의 감소를 가져오며 평형에 도달할 때 전체 내부에너지의 감소는 더 이상 일어나지 않음을 나타낸다. 즉, 평형에서 전체 내부에너지는 최소가 되며 이를 에너지 최소 원리(energy minimum principle)라고 한다. 간단한 예를 통해 이들 개념을 살펴보자. 서로 온도가 다른 물질이 채워져 있는 두 개의 용기가 그림 1.1

과 같이 접촉하고 하고 있으며 용기의 효과는 무시될 수 있다고 하자. 그림 1.1의 A는 두 물질이 고립계를, B는 두 물질이 닫힌계를 구성하고 있으며 고립계에 둘러싸여 있는 경우를 나타낸다. $T_1 > T_2$ 일 때 두 물체가 접촉을 하고 있으므로 A, B의 경우 모두 물체 1에서 물체 2로 열의 이동이 일어난다. 이러한 과정은 비가역이므로 엔트로피는 증가하게 된다. 따라서, A에서는 고립계의 전체 엔트로피는 열적 평형에 도달할 때까지 증가하게 되며, 고립계는 열과 물질의 이동이 없으므로 고립계 내의 총 내부에너지는 변화가 없게 된다. B의 경우에 고립계 내에 두 물체로 구성된 닫힌계를 생각해 보자. 두 물체의 온도차이로 인해 닫힌계 내에서는 열의 이동이 일어나게 되며 이는 닫힌계의 엔트로피의 증가시키게 된다. 따라서, 닫힌계의 엔트로피를 일정하게 유지하면서 고립계 전체의 엔트로피가 증가하기 위해서는 닫힌계로부터 주위로 열이 이동해야 함을 알 수 있다. 따라서, 일정 엔트로피에서 평형에 도달한 닫힌계의 온도(B의 경우)는 일정 내부에너지에서 평형에 도달한 고립계의 온도(A의 경우)보다 항상 낮아야 함을 알 수 있다.

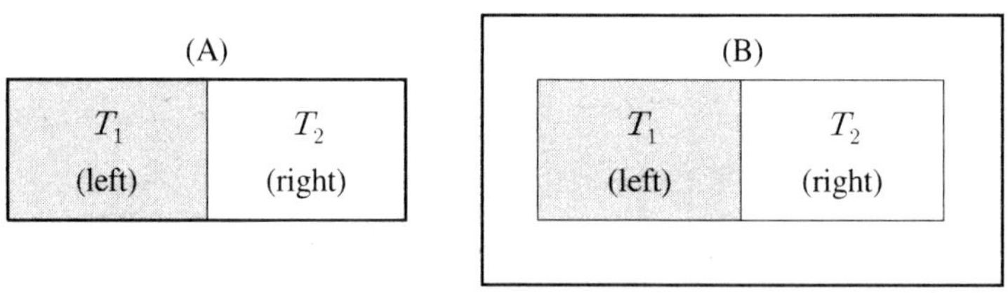

그림 1.1 두 물질로 이루어진 고립계(A)와 닫힌계(B). 굵은 실선은 물질과 열이 이동할 수 없는 경계선을 나타낸다.

어떤 계가 열역학적 평형상태에 있다는 것은 열적 평형(thermal equilibrium), 기계적 평형(mechanical equilibrium), 상평형(phase equilibrium)이 동시에 만족되어 있는 상태를 말한다. 열적 평형은 온도가 같을 때, 기계적 평형은 압력이 같을 때, 상평형은 성분의 화학 포텐셜이 같을 때 이루어진다. 계의 평형상태가 깨지면 자연적으로 비가역 과정이 발생하면서 새로운 평형상태로 진행하게 된다. 그림 1.1의 고립계인 A에서 두 용기가 접촉하고 있는 부분을 통해 두 물질이 통과할 수 있다면 평형상태에서 다음을 만족한다.

$$T^{left} = T^{right}, \quad P^{left} = P^{right}, \quad \mu_1^{left} = \mu_1^{right}, \quad \mu_2^{left} = \mu_2^{right} \tag{1.3}$$

을 만족한다. μ는 화학 포텐셜로서 주어진 온도와 압력에서 단일 성분계의 경우 몰 깁스 자유 에너지가 되며, 다성분계의 경우에는 부분몰 깁스 자유 에너지에 해당한다. 그림 1.1의 A가 닫힌계라면 V, T, N이 일정한 경우 평형조건은

$$P^{left} = P^{right}, \mu_1^{left} = \mu_1^{right}, \mu_2^{left} = \mu_2^{right}, (T^{left} = T^{right} = T) \tag{1.4}$$

가 된다. 그림 1.1의 A가 열린계라면 T, P, N이 일정한 경우 평형조건은

$$\mu_1^{left} = \mu_1^{right}, \mu_2^{left} = \mu_2^{right}, (P^{left} = P^{right} = P, T^{left} = T^{right} = T) \tag{1.5}$$

가 된다. 식 1.4, 1.5에서 괄호 안의 첨자가 없는 T, P는 주위의 온도와 압력에 해당한다.

1.1 단일성분계의 상평형

단일 성분이 여러 개의 상으로 나뉘어져 있는 계에서 평형조건을 알아보기 위해 그림 1.2와 같이 100℃, 1기압에서 물과 수증기가 공존하는 닫힌계를 살펴보자.

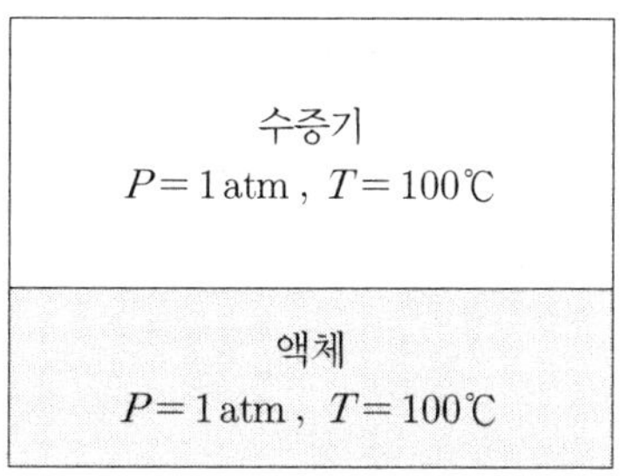

그림 1.2 100℃, 1기압에서 평형을 이루고 있는 물과 수증기.

증기상과 액체의 압력과 온도가 같으므로 기계적, 열적 평형에 도달하여 있음을 알 수 있다. 이 계의 전체 깁스 자유 에너지 변화는 다음과 같이 나타낼 수 있다.

$$d(G^{sys}) = V^{sys}dP - S^{sys}dT + \mu^L dn^L + \mu^V dn^V \tag{1.1.1}$$

여기에서 위첨자 "sys"는 계를 나타내며 화학 포텐셜 μ는 몰 깁스 자유 에너지로서 닫힌계 내의 전체 몰수가 n일 때 $\mu = G/n$이 된다. μ^L, μ^V는 각각 포화액체와 포화

증기의 화학 포텐셜에 해당된다. 계의 온도와 압력이 일정하므로 식 1.1.1은

$$d(G^{sys}) = \mu^L dn^L + \mu^V dn^V \tag{1.1.2}$$

이 된다. 또한, 증기상의 몰수 n^V와 액체의 몰수 n^L을 더하면 전체 몰수 n이 되며 닫힌계에서 n은 일정하므로

$$dn = dn^L + dn^V = 0 \tag{1.1.3}$$

이 된다. 따라서, 식 1.1.2는 다음과 같이 나타낼 수 있다.

$$d(G^{sys}) = \mu^L dn^L - \mu^V dn^L = (\mu^L - \mu^V)dn^L \tag{1.1.4}$$

온도와 압력이 일정하게 유지되는 닫힌계에서 깁스 자유 에너지의 변화를 살펴보기 위해 에너지 수지식을 작성해보면

$$\frac{d}{dt}\left[n(U + \frac{\nu^2}{2} + gh)\right]_{sys} = \dot{W}_{EC} + \dot{Q} \tag{1.1.5}$$

이 된다. 여기에서 닫힌계가 정지해 있으므로 계의 운동 에너지와 위치 에너지는 일정하다. W_{EC}는 계의 수축/팽창과 관련된 일을 나타내며 $dW_{EC} = -PdV^{sys}$로 주어진다. 따라서, 식 1.1.5는 다음과 같이 나타낼 수 있다.

$$\frac{d}{dt}[U^{sys}] = -P\frac{d(V^{sys})}{dt} + \dot{Q} \tag{1.1.6}$$

그리고 닫힌계의 엔트로피 수지식은

$$\frac{dS^{sys}}{dt} = \sum_{n=1}^{n=N} \frac{\dot{Q}_n}{T_n} + \dot{S}_{gen} \tag{1.1.7}$$

이 된다. 여기에서 $\dot{S}_{gen}$은 엔트로피의 생성속도를 나타낸다. 계의 온도가 균일하므로 식 1.1.7은 다음과 같이 나타낼 수 있다.

$$\frac{d(S^{sys}T)}{dt} = \dot{Q} + T\dot{S}_{gen} \tag{1.1.8}$$

식 1.1.8을 이용하여 식 1.1.6에서 $\dot{Q}$를 소거하면

$$\frac{d}{dt}[U^{sys}] = -P\frac{d(V^{sys})}{dt} + \frac{d(S^{sys}T)}{dt} - T\dot{S}_{gen} \tag{1.1.9}$$

이 된다. $G^{sys} = U^{sys} + PV^{sys} - TS^{sys}$이므로

$$\frac{d}{dt}(U^{sys} + PV^{sys} - TS^{sys}) = -T\dot{S}_{gen} \tag{1.1.10}$$

$$\frac{dG^{sys}}{dt} = -T\dot{S}_{gen} \leq 0 \tag{1.1.11}$$

가 된다. 자발적인 공정은 항상 엔트로피를 증가시키므로($\dot{S}_{gen} > 0$), T와 P가 고정된 닫힌계에서 발생하는 어떠한 자발적인 공정도 계의 깁스 에너지를 감소시키는 것을 식 1.1.11을 통해 알 수 있다. 평형은 $dG^{sys}/dt = 0$일 때, 즉 계의 깁스 에너지가 최소가 될 때에 발생한다. 이 결과를 식 1.1.4에 적용하면 액체상태 물의 화학 포텐셜과 수증기 상태 물의 화학 포텐셜이 같을 때 ($\mu^L = \mu^V$) 평형에 도달하게 된다. 주어진 온도와 압력에서 만약 $\mu^L > \mu^V$이면 액체는 자발적으로 기화한다. 반대로 $\mu^L < \mu^V$이면 증기는 자발적으로 응축된다. $\mu^L = \mu^V$일 때는 계의 깁스 에너지가 최소가 되며 액체를 기화시키거나 증기를 응축하기 위한 구동력이 없으므로 수증기와 액체는 공존하게 된다. 따라서, 주어진 열역학적 조건에서 순수한 물질의 가장 안정한 평형상은 존재할 수 있는 상들 가운데 화학 포텐셜이 가장 낮은 상임을 알 수 있다. 예를 들면 물은 증기, 액체, 고체의 세 개의 상으로 존재할 수 있지만 1기압 하에서 $0 < T < 100$ ℃ 상태의 물이 고체나 수증기로 존재하지 않고 액체로 존재하는 이유는 이 조건에서 액체상태의 화학 포텐셜이 수증기나 고체 상태의 화학 포텐셜보다 낮기 때문이다. 반면에 1기압, 100℃에서의 물은 액체의 화학 포텐셜과 증기의 화학 포텐셜이 동일하게 되며 물은 증기와 액체 두 상으로 존재할 수 있다. 1기압에서 $T > 100$℃가 되면 수증기 상태의 화학 포텐셜이 액체상태의 화학 포텐셜보다 더 낮게 되어 물은 수증기 상태로 존재하는 것이 안정하게 된다. 결론적으로 단일성분의 상평형은 공존하는 상의 화학 포텐셜이 같을 때 일어남을 알 수 있다.

1.2 다성분계의 상평형

다성분계에서 평형조건을 알아보기 위해 n개의 성분으로 이루어진 계가 기액 평형을 이루고 있는 닫힌계를 고려해 보자. 이 계의 깁스 자유 에너지 변화는 다음과 같이 나타낼 수 있다.

$$\begin{aligned} d(G) &= d(G^L) + d(G^V) \\ &= (V^L dP - S^L dT + \sum_i^n \mu_i^L dn_i) + (V^V dP - S^V dT + \sum_i^n \mu_i^V dn_i) \end{aligned} \quad (1.2.1)$$

닫힌계이므로 각 성분의 전체 몰수는 일정하게 유지되므로

$$dn_i^L = -dn_i^V \quad (1.2.2)$$

이 된다. 온도와 압력이 일정한 조건에서 식 1.2.1은

$$d(G) = \sum_i^n (\mu_i^L - \mu_i^V) dn_i \quad (1.2.3)$$

이 된다. 평형상태에서는 계의 자유 에너지가 최소가 되며 $dG=0$이 된다. 따라서, 주어진 온도와 압력에서 다성분계의 기액평형 조건은 다음과 같다.

$$\mu_i^L = \mu_i^V \ (i = 1, \cdots, n) \quad (1.2.4)$$

식 1.2.4는 여러 개의 상으로 이루어진 다성분계의 평형조건으로 일반화 될 수 있다. $\alpha, \beta, \cdots, \pi$ 상으로 구성된 다성분계가 열역학적으로 평형상태에 있다면 다음의 조건을 만족하여야 한다.

$$T^\alpha = T^\beta = \cdots = T^\pi \quad \text{(열적 평형)} \quad (1.2.5)$$

$$P^\alpha = P^\beta = \cdots = P^\pi \quad \text{(기계적 평형)} \quad (1.2.6)$$

$$\mu_i^\alpha = \mu_i^\beta = \cdots = \mu_i^\pi \ (i = 1, \cdots, n) \quad \text{(상평형)} \quad (1.2.7)$$

식 1.2.5~1.2.7은 다상 다성분계(multiphase-multicomponent system)가 평형상태에 있다면 각상의 온도와 압력은 같고, 각 상에서 성분들의 화학 포텐셜이 서로 같아야 함을 나타내고 있다. 이러한 다성분계에서 열역학적 평형상태에 있는 한 상을 열역학적으로 완전히 기술하기 위해서는 그 상의 온도와 압력 그리고 조성을 알아야 한다.

조성은 대개 몰분율 x_i로 나타내며 $\sum_i^n x_i = 1$이므로 독립적인 조성변수는 $n-1$개가 된다. 따라서, 각 상에 대하여 알아야 할 열역학적 변수는 $\{T, P, x_1, x_2, \cdots, x_{n-1}\}$로서 모두 $n+1$개가 되며 상의 수가 π라면 전체 변수의 개수는

$$\text{전체 변수의 개수} = \pi(n+1) \tag{1.2.8}$$

이 된다. 그런데 식 1.2.5~1.2.7로부터 $(n+2)(\pi-1)$개의 평형조건 식을 얻을 수 있다. 따라서, 상의 개수를 유지한 채 조절할 수 있는 독립변수의 수 F는

$$F = \pi(n+1) - (n+2)(\pi-1) = n - \pi + 2 \tag{1.2.9}$$

가 된다. 식 1.2.9를 깁스의 상규칙(Gibbs phase rule)이라고 부른다. 실제 Gibbs는 이 규칙을 더 간단히 유도하였다. 평형상태의 다성분계를 열역학적으로 완전하게 정의하기 위해 필요한 세기변수는

$$\{T, P, \mu_1, \mu_2, \cdots, \mu_n\} \tag{1.2.10}$$

로서 모두 $n+2$이다. 그런데, 각 상마다 이 세기변수들의 관계를 나타내는 Gibbs/Duhem 식이 하나씩 있으므로 총 π개의 식이 있다. 따라서, 독립적인 세기변수의 수는 식 1.2.9와 동일한 결과를 가지게 된다.

study

Gibbs/Duhem 식

용액의 열역학적 성질을 온도와 압력 및 구성 성분들의 몰수의 함수로 다음과 같이 나타낼 수 있다.

$$nM = f(T, P, n_1, n_2, \cdots, n_i, \cdots) \tag{A.1}$$

여기에서 n과 n_i는 각각 용액을 구성하는 하고 있는 성분들의 총 몰수와 성분 i의 몰수를 의미하며, M은 용액의 열역학적 몰성질을 나타낸다. 몰성질과 부분몰 성질 사이의 관계식을 유도하기 위해 식 A.1의 전미분을 구하면

$$d(nM) = \left[\frac{\partial(nM)}{\partial P}\right]_{T,n} dP + \left[\frac{\partial(nM)}{\partial T}\right]_{P,n} dT + \sum_i \left[\frac{\partial(nM)}{\partial n_i}\right]_{P,T,n_j} dn_i \tag{A.2}$$

이 된다. 우변의 첫 번째, 두 번째의 편미분은 모두 각 구성 성분의 몰수를 일정하게 유지한 상태에서 계산되며(n이 일정하게 고정됨), 세 번째 항에는 부분몰 성질에 대

한 표현식이 포함되어 있으므로 식 A.2는 다음과 같이 나타낼 수도 있다.

$$d(nM) = n\left[\frac{\partial(M)}{\partial P}\right]_{T.x} dP + n\left[\frac{\partial(M)}{\partial T}\right]_{P.x} dT + \sum_i \overline{M}_i dn_i \tag{A.3}$$

여기에서 우변의 첫 번째, 두 번째 항의 아래첨자 x는 물분율을 나타내며 일정한 조성에서의 미분을 의미한다. $n_i = x_i n$이므로 n_i에 대한 전미분은 다음과 같이 나타낼 수 있다.

$$dn_i = x_i dn + ndx_i \tag{A.4}$$

또한, nM에 대한 전미분은

$$d(nM) = ndM + Mdn \tag{A.5}$$

이 된다. 식 A.4와 A.5를 식 A.2에 대입하면

$$ndM + Mdn = n\left(\frac{\partial M}{\partial P}\right)_{T.x} dP + n\left(\frac{\partial M}{\partial T}\right)_{P.x} dT + \sum_i \overline{M}_i (x_i dn + ndx_i) \tag{A.6}$$

이 된다. 위의 식을 n과 dn에 대해서 정리하면

$$\left[dM - \left(\frac{\partial M}{\partial P}\right)_{T.x} dP - \left(\frac{\partial M}{\partial T}\right)_{P.x} dT - \sum_i \overline{M}_i\, dx_i\right] n + \left[M - \sum_i x_i \overline{M}_i\right] dn = 0 \tag{A.7}$$

여기에서 n과 dn은 독립이며 임의의 값을 가질 수 있으므로 좌변이 0이 되기 위해서는 다음의 두 식을 만족해야 한다.

$$dM - \left(\frac{\partial M}{\partial P}\right)_{T.x} dP - \left(\frac{\partial M}{\partial T}\right)_{P.x} dT - \sum_i \overline{M}_i dx_i = 0 \tag{A.8}$$

$$M - \sum_i x_i \overline{M}_i = 0 \tag{A.9}$$

식 A.9에서 M에 대한 전미분을 계산하면

$$dM = \sum_i x_i d\overline{M}_i + \sum_i \overline{M}_i dx_i \tag{A.10}$$

이 된다. 식 A.10을 식 A.8에 대입하면 다음의 Gibbs / Duhem 식이 얻어진다.

$$\left(\frac{\partial M}{\partial P}\right)_{T.x} dP + \left(\frac{\partial M}{\partial T}\right)_{P.x} dT - \sum_i x_i d\,\overline{M}_i = 0 \tag{A.11}$$

온도와 압력이 일정한 조건에서 Gibbs / Duhem 식은 다음과 같이 간단히 된다.

$$\sum_i x_i d\,\overline{M}_i = 0 \text{ (온도와 압력이 일정한 경우)} \tag{A.12}$$

1.3 상평형과 휘산도

온도와 압력이 일정한 계에서 화학 포텐셜은 상평형에 대한 바탕이 되는 기준을 제공한다. 단일성분계의 화학 포텐셜은 조성 변수가 없으므로 다음과 같이 나타낼 수 있다.

$$\mu = \left[\frac{\partial(nG)}{\partial n}\right]_{T,P} = \overline{G} = G(T,P) \tag{1.3.1}$$

여기에서 $\overline{G}$ 는 부분몰 깁스 에너지를 나타내며 순수한 물질에서는 몰 깁스 에너지 G와 동일하다. 다성분계에서 구성 성분 i에 대한 화학 포텐셜은 다음과 같이 정의된다.

$$\mu_i = \left(\frac{\partial(nG)}{\partial n_i}\right)_{T,P,n_{j\neq i}} = \overline{G}_i\,(T,P,x_i) \tag{1.3.2}$$

여기에서 부분몰 깁스 에너지 $\overline{G}_i$는 일정한 온도와 압력에서 다른 성분의 양($n_{j\neq i}$)은 일정하게 유지하면서 성분 i를 미소량 변화시킬 때 발생하는 계의 전체 깁스 자유 에너지 변화율에 해당함을 알 수 있다. 열역학적 성질에 대한 부분몰 성질의 일반적 정의는 다음과 같다.

$$\overline{M}_i = \left(\frac{\partial(nM)}{\partial n_i}\right)_{T,P,n_{j\neq i}} \tag{1.3.3}$$

여기에서 M은 몰 내부에너지, 몰 엔탈피, 몰 부피, 몰 엔트로피 등의 열역학적 성질에 해당한다. 부분성질은 식 1.3.3에서 보듯이 온도와 압력이 일정할 때 정의된다는 것에 주의하자. 상평형의 조건으로 사용되는 화학 포텐셜이 단일성분계에서는 온도와 압력의 함수로, 다성분계에서는 온도와 압력과 조성의 함수로 나타남을 보았다. 온도가 일정할 경우 화학 포텐셜은 압력에 대해 어떠한 함수로 나타낼 수 있는지 살펴보기 위해 단일성분 이상기체로 이루어진 닫힌계에 고려해보자. 이 계의 온도와 압력의 변화에 따른 깁스 자유 에너지의 변화는 다음과 같이 주어진다.

$$dG^{ig} = V^{ig}dP - S^{ig}dT \tag{1.3.4}$$

온도를 일정하게 유지하고 압력에 따른 깁스 에너지의 변화를 나타내면

$$dG^{ig} = V^{ig}dP = \frac{RT}{P}dP \text{ (이상기체 상태방정식 } PV^{ig} = RT) \tag{1.3.5}$$

$$dG^{ig} = RTd\ln P \tag{1.3.6}$$

이 된다. 식 1.3.6을 적분하면 다음과 같이 나타낼 수 있다.

$$G^{ig} = \Gamma(T) + RT\ln P \tag{1.3.7}$$

여기에서 $\Gamma(T)$는 온도로 주어지는 적분상수이다. 식 1.3.7은 일정한 온도에서 이상기체의 압력과 몰 깁스 에너지의 관계를 나타낸다. 식 1.3.7의 모양을 유지하면서 실제 유체의 몰 깁스에너지를 계산하도록 고안된 변수가 휘산도(fugacity)이다.

$$G = \Gamma(T) + RT\ln f \tag{1.3.8}$$

식 1.3.7과 1.3.8을 살펴보면 일정한 온도에서 깁스 에너지가 이상기체에서는 압력의 종속변수로 나타나고 실제 유체에서는 휘산도의 종속변수로 나타난다. 식 1.3.7을 이상기체 혼합물에서 성분 i에 대한 화학 포텐셜로 확장하면

$$\mu_i^{ig} = \Gamma_i(T) + RT\ln(y_iP) \tag{1.3.9}$$

이 된다. 여기에서 y_i는 성분 i 몰분율이 된다. 유사한 접근방법으로 식 1.3.8을 혼합물에서 성분 i에 대한 화학 포텐셜로 확장하면

$$\mu_i = \Gamma_i(T) + RT\ln\hat{f}_i \tag{1.3.10}$$

이 된다. 여기에서 $\hat{f}_i$는 혼합물에서 성분 i의 휘산도에 해당한다.

이제 상평형에서 화학 포텐셜 대신 휘산도를 사용하는 장점을 살펴보자. 엔트로피와 절대값이 알려져 있지 않은 내부 에너지의 관계로 주어지는 깁스 에너지 ($G = U + PV - TS$)는 절대값을 알 수 없다. 또한, 이상기체 혼합물에서 $P \to 0$, $y_i \to 0$일 때 $\mu_i \to -\infty$로 되는 것처럼 실제유체도 μ_i가 발산한다. 상평형 계산에서 이러한 불편한 점은 휘산도를 사용하면 간단히 극복될 수 있다. 단일성분계의 기액평형을 예를 들어 살펴보면 $G^L = G^V$이므로

$$G^L = \mu^L = \Gamma(T) + RT\ln f^L,\ G^V = \mu^V = \Gamma(T) + RT\ln f^V$$

$$\mu^L = \mu^V \ \Rightarrow\ f^L = f^V \tag{1.3.11}$$

이 된다. 즉, 평형에서 기상과 액상의 휘산도가 동일하게 된다. 식 1.3.11을 n개의 성분으로 구성된 다성분계의 기액 평형으로 확장하면

$$\hat{f}_i^L = \hat{f}_i^V \ (i = 1,\ \cdots,\ n) \tag{1.3.12}$$

이 된다. 따라서, 상평형의 판단기준으로서 화학 포텐셜을 대신하여 휘산도를 사용할 수 있음을 알 수 있다.

▶ MEMO ◀

CHAPTER 2

상태방정식을 이용한 휘산도의 계산

온도와 압력이 일정한 계에서 상평형의 기준으로 화학 포텐셜보다 휘산도가 편리함을 이미 살펴보았다. 상평형 문제에서 휘산도의 계산은 중요하다. 실제에서는 물질의 휘산도 f를 직접 계산하지 않고 휘산도 계수를 계산한 후, 휘산도 계수에 압력(혼합물인 경우에는 분압)을 곱하여 휘산도를 결정한다. 휘산도 계수는 해당 물질의 PVT 데이터나 상태방정식을 이용하여 계산될 수 있다. 기상, 액체, 고체, 단일성분계, 혼합물, 계의 압력 등에 따라 휘산도 계산의 용이성이 달라지므로 접근하는 방법이 달라지기도 한다. 이번 장에서는 상태방정식을 활용한 휘산도(계수)의 계산방법을 살펴보기로 한다.

2.1 단일성분계의 휘산도 계산

단일성분계에서 일정한 온도에서 휘산도는 정의에 따라 식 1.3.8을 만족한다. 동일한 온도에서 이상기체의 몰 깁스 에너지는 식 1.3.7을 만족하므로 두 식의 차를 구하면

$$G(T,P) - G^{ig}(T,P) = RT\ln\frac{f}{P} \tag{2.1.1}$$

이 된다. 여기에서 $G(T,P) - G^{ig}(T,P)$는 잔류 몰 깁스 에너지($G^R(T,P)$)로 정의되는 물성으로서 동일한 온도와 압력에서 실제 유체와 이상기체의 몰 깁스 에너지 차이를 나타낸다. 휘산도를 계의 압력으로 나눈 값 f/P를 휘산도 계수라고 하며 ϕ로 나타낸다. 따라서, 잔류 몰 깁스 에너지와 휘산도 계수의 관계는 다음과 같이 주어진다.

$$G^R(T,P) = RT\ln\phi \tag{2.1.2}$$

이제 잔류 몰 깁스 에너지를 계산해보자. 닫힌계에서 온도와 압력에 따른 깁스 에너지는 변화를 구하면

$$dG = VdP - SdT \tag{2.1.3}$$

이 된다. 따라서, 일정한 온도에서 압력에 따른 몰 깁스 에너지 변화는

$$dG = VdP \tag{2.1.4}$$

이 된다. 식 2.1.4에서 1.3.5를 뺀 뒤 적분하면

$$G^R(T,P) = G(T,P) - G^{ig}(T,P) = \int_0^P (V - V^{ig})dP \tag{2.1.5}$$

이 된다. 식 2.1.5에서 적분구간 하한의 압력이 0으로 된 것은 이상기체 상태에 대응하는 압력이 $P \to 0$이기 때문이다. $V^{ig} = RT/P$를 식 2.1.5에 대입하면

$$G^R(T,P) = \int_0^P \left(V - \frac{RT}{P}\right)dP \tag{2.1.6}$$

가 된다. 식 2.1.2와 2.1.6을 통해 휘산도 계수는 다음과 같이 나타낼 수 있다.

$$\ln\phi = \frac{1}{RT}\int_0^P \left(V - \frac{RT}{P}\right)dP \tag{2.1.7}$$

계의 물질에 대해 상태방정식이 사용가능한 경우 식 2.1.7을 이용하여 휘산도 계수를 계산할 수 있다. 대부분의 상태 방정식은 압력을 부피와 온도의 양함수(explicit function)의 형식으로 표시되므로 식 2.1.7에서 적분변수를 압력보다 부피로 하는 것이 편리하다. 따라서, 적분변수를 부피로 바꾸어보자. 일정한 온도에서 다음의 식이 성립한다.

$$d(PV) = PdV + VdP$$

$$dP = \frac{d(PV)}{V} - \frac{P}{V}dV = P\frac{d(PV/RT)}{PV/RT} - \frac{P}{V}dV$$

$$dP = \frac{P}{Z}dZ - \frac{P}{V}dV \tag{2.1.8}$$

여기에서 $Z(= PV/RT)$는 압축인자를 의미한다. 위의 결과를 식 2.1.7에 대입하여

적분변수를 압력에서 부피로 바꾸어 줄 때 적분구간은 $[\infty, V]$가 된다($P \to 0$일 때 $V \to \infty$이므로).

$$\ln\phi = \frac{1}{RT}\int_{\infty}^{V}(V - \frac{RT}{P})\left[\frac{P}{Z}dZ - \frac{P}{V}dV\right]$$

$$= \frac{1}{RT}\int_{\infty}^{V}\left(\frac{PV}{Z} - \frac{RT}{Z}\right)dZ - \frac{1}{RT}\int_{\infty}^{V}\left(P - \frac{RT}{V}\right)dV$$

$$= \int_{\infty}^{V}\left(1 - \frac{1}{Z}\right)dZ - \frac{1}{RT}\int_{\infty}^{V}\left(P - \frac{RT}{V}\right)dV \qquad (PV = ZRT)$$

$$= [Z - \ln Z]_{\infty}^{V} + \frac{1}{RT}\int_{\infty}^{V}\left(\frac{RT}{V} - P\right)dV \qquad (Z = 1\ at\ V = \infty)$$

따라서, 휘산도 계수는 다음과 같이 나타낼 수 있다.

$$\ln\phi = \frac{1}{RT}\int_{\infty}^{V}\left(\frac{RT}{V} - P\right)dV - \ln Z + (Z - 1) \tag{2.1.9}$$

다음은 압력을 양함수로 표시한 네 가지 종류의 3차 방정식을 식 2.1.9에 대입하여 얻어진 식들이다.

- 반 데어 발스 상태식 ($P = \dfrac{RT}{V-b} - \dfrac{a(T)}{V^2}$)을 이용할 때

$$\ln\phi = Z - 1 - \ln(Z - \beta) - \frac{A}{Z} \tag{2.1.10}$$

- Redlich/Kwong 식 ($P = \dfrac{RT}{V-b} - \dfrac{a(T)}{(V+b)V}$)을 이용할 때

$$\ln\phi = Z - 1 - \ln(Z - \beta) - \frac{A}{\beta}\ln\left(1 + \frac{\beta}{Z}\right) \tag{2.1.11}$$

- Soave/Redlich/Kwong 식 ($P = \dfrac{RT}{V-b} - \dfrac{a(T)}{(V+b)V}$)을 이용할 때

$$\ln\phi = Z - 1 - \ln(Z - \beta) - \frac{A}{\beta}\ln\left(1 + \frac{\beta}{Z}\right) \tag{2.1.12}$$

- Peng/Robinson 식 ($P = \dfrac{RT}{V-b} - \dfrac{a(T)}{(V+(1+\sqrt{2})b)(V+(1-\sqrt{2})b)}$)을 이용할 때

$$\ln\phi = Z-1-\ln(Z-\beta)-\frac{A}{2\sqrt{2}\beta}\ln\left(\frac{Z+(1+\sqrt{2})\beta}{Z+(1-\sqrt{2})\beta}\right) \tag{2.1.13}$$

식 2.1.10 ~ 2.1.13에서 매개변수 A, β는 다음과 같이 정의되며 자세한 유도는 참고 도서를 참조하기 바란다[1].

$$A = \frac{a(T)P}{R^2T^2}, \beta = \frac{bP}{RT} \tag{2.1.14}$$

여기에서 매개변수 $a(T) = \Psi R^2 T_c^2 \alpha(T_r)/P_c$, $b = \Omega\frac{RT_c}{P_c}$로 정의되며, 상수 Ψ, Ω와 $\alpha(T_r)$은 3차 방정식의 종류에 따라 다르다. 상태방정식을 이용하여 순수한 물질의 휘산도 계수를 계산하기 위해서는 압축인자 Z와 매개변수 A, β의 계산이 필요함을 알 수 있다. 매개변수 $a(T)$, β는 다음과 같이 나타낼 수 있다.

$$a(T) = a_c\alpha(T_r), \beta = \Omega\frac{P_r}{T_r} \tag{2.1.15}$$

여기에서 a_c는 임계온도에서의 $a(T)$, 즉 $a(T_c)$ 값에 해당한다.

Redlich/Kwong 식과 Soave/Redlich/Kwong 식은 동일한 형태를 지니고 있지만 매개변수 $a(T)$의 값이 다르다는 점에 유의하자. 식 2.1.10 ~ 2.1.13을 사용하여 순수한

표 3.1 상태방정식에 따른 매개변수의 값[2]

상태방정식	$\alpha(T_r)$	Ψ	Ω
반 데어 발스	1	0.421875	1/8
Redlich/Kwong	$T_r^{-1/2}$	0.42748	0.08664
Soave/Redlich/Kwong	$[1+\kappa_{srk}(1-\sqrt{T_r})]^2$ ($\kappa_{srk} = 0.480 + 1.574\omega - 0.176\omega^2$)	0.42748	0.08664
Peng/Robinson	$[1+\kappa_{pr}(1-\sqrt{T_r})]^2$ ($\kappa_{pr} = 0.37464 + 1.54226\omega - 0.26992\omega^2$)	0.45724	0.07780

(T_r : 환산온도, ω : 이심인자)

1) 도진환, 화공열역학: R을 이용한 상태방정식 활용(한티미디어, 2016)

2) Smith, J.M., H.C. Van Ness and M.M. Abbott, Introduction to Chemical engineering Thermodynamics, 7th ed. (Boston: McGraw-Hill, 2005), p. 98.

물질의 증기나 액체의 휘산도 계수를 계산할 때 각 상태방정식에 따라 달라지는 변수는 Z 밖에 없다. 즉, 증기의 휘산도 계수를 계산하고자 할 때는 증기에 대한 Z 값을, 액체의 휘산도 계수를 계산하고자 할 때 액체에 대한 Z 값을 대입하면 된다. 기액평형을 이루고 있는 경우에는 포화증기의 Z 값과 포화액체의 Z 값은 서로 달라도 두 상에서의 휘산도 및 휘산도 계수는 동일하게 된다. 위에서 언급한 3차 상태방정식 이외에도 비리얼 상태식(압력이 크게 높지 않는 기체에 적용), Lee-Kesler 식(기체와 액체 모두 적용가능) 등을 이용하여 휘산도 계수를 계산할 수 있다.

상태방정식을 사용할 수 없는 경우에 순수한 액체의 휘산도는 다음의 적분을 통해 계산한다.

$$\ln\phi^L = \ln\frac{f^L}{P} = \frac{1}{RT}\int_0^P\left[V - \frac{RT}{P}\right]dP \tag{2.1.16}$$

위의 식을 이용하여 주어진 온도에서 적분을 수행할 때 주의할 것은 적분변수인 압력이 포화증기압에 도달하면 상변화가 일어나서 V의 불연속점이 발생한다는 점이다. 따라서, 주어진 온도에서 상변화가 일어나는 포화압력을 기준으로 적분구간을 나누어 적분한다.

$$\ln\frac{f^L}{P} = \frac{1}{RT}\int_0^{P^{sat}}\left[V - \frac{RT}{P}\right]dP + \Delta\left(\ln\frac{f}{P}\right)_{phase\,change} + \frac{1}{RT}\int_{P^{sat}}^{P}\left[V - \frac{RT}{P}\right]dP \tag{2.1.17}$$

여기에서 우변의 첫째 항은 주어진 온도에서 압력이 0에서 포화압력까지 압축될 때 실제기체와 이상기체의 몰 깁스 에너지의 차이를 나타내며, 둘째 항은 상전이동안 일어나는 몰 깁스 에너지의 변화에 해당된다. 셋째 항은 포화압력에서 계의 압력 P까지 압축될 때 액체와 이상기체의 몰 깁스 에너지의 차이를 나타낸다. 평형 기준에 의해 상전이는 f와 P가 연속이고 두 상에서 휘산도는 같으므로

$$\Delta\left(\ln\frac{f}{P}\right)_{phase\,change} = 0 \tag{2.1.18}$$

이 된다. 또한, 식 2.1.17의 우변의 첫째 항은 다음과 같이 나타낼 수 있다.

$$\frac{1}{RT}\int_0^{P^{sat}}\left[V - \frac{RT}{P}\right]dP = \ln\left(\frac{f^{sat}}{P^{sat}}\right) = \ln\phi^{sat} \tag{2.1.19}$$

여기에서 f^{sat}, ϕ^{sat}는 각각 주어진 온도 T에서 포화액체 혹은 포화증기의 휘산도와 휘산도 계수를 나타낸다. 식 2.1.17의 우변의 셋째 항은 다음과 같이 부분으로 나누어 적분할 수 있다.

$$\int_{P^{sat}}^{P}\left(V-\frac{RT}{P}\right)dP = \int_{P^{sat}}^{P} VdP - RT\int_{P^{sat}}^{P}\frac{1}{P}dP \tag{2.1.20}$$

$$= \int_{P^{sat}}^{P} VdP - RT\ln\frac{P}{P^{sat}}$$

식 2.1.18~2.1.20의 결과를 식 2.1.17에 대입하여 정리하면

$$\ln\frac{f^L}{P} = \ln\phi^{sat} + \frac{1}{RT}\int_{P^{sat}}^{P} VdP - \ln\frac{P}{P^{sat}} \tag{2.1.21}$$

$$= \ln\frac{f^{sat}}{P} + \frac{1}{RT}\int_{P^{sat}}^{P} VdP$$

이 된다. 따라서, 액체의 휘산도는 다음과 같이 나타낼 수 있다.

$$f^L = f^{sat}\exp\left[\frac{1}{RT}\int_{P^{sat}}^{P} VdP\right] \tag{2.1.22}$$

$$= \phi^{sat}P^{sat}\exp\left[\frac{1}{RT}\int_{P^{sat}}^{P} VdP\right]$$

위의 식은 적용할 상태방정식이 없을 때 액체의 휘산도를 계산하게 해준다. 식 2.1.22에 나타난 지수함수를 포인팅 압력보정인자(Poynting pressure correction factor)라고 하며, 계의 압력이 액체의 증기압보다 크기 때문에 생기는 휘산도의 증가분을 설명해 준다.

$$\exp\left[\frac{1}{RT}\int_{P^{sat}}^{P} VdP\right] \quad \text{[포인팅 압력 보정인자]} \tag{2.1.23}$$

액체의 휘산도에 대한 식 2.1.22는 다음과 같은 경우에 좀 더 간단해 질 수 있다.

- 계의 압력이 증기압과 거의 같은 경우, 즉 $P \simeq P^{sat}$일 때는 포이팅 압력보정 인자를 1로 간주할 할 수 있으므로 식 2.1.22는 다음과 같이 된다.

$$f^L(T,P) = f^{sat}(T,P^{sat}) = f^V(T,P^{sat}) = P^{sat}(T)\phi^{sat} \tag{2.1.24}$$

가 된다.

- 증기압과 계의 압력이 모두 낮은 경우에는 포이팅 압력보정 인자뿐만 아니라 포화유체의 휘산도 계수도 1로 간주할 수 있으므로 식 2.1.22는

  $$f^L(T,P) = P^{sat}(T) \tag{2.1.25}$$

  이 된다.

- 액체가 비압축성이며 압력이 높아서 포인팅 보정인자를 무시할 수 없을 경우 식 2.1.22는 다음과 같이 나타낼 수 있다.

  $$f^L(T,P) = P^{sat}(T)\phi^{sat}\exp\left[\frac{V^L(P-P^{sat})}{RT}\right] \tag{2.1.26}$$

식 2.1.22는 순수한 고체의 휘산도를 계산하는 방법으로 확장될 수 있다. 순수한 고체는 압력에 따라 상전이가 여러 번 일어날 수 있다. 따라서, 주어진 온도에서 J 번째 고체상의 몰 부피를 V^J 라고 하고, 이 때의 고체상이 압력 P^J 보다 높은 압력에서 안정하다면 순수한 고체의 휘산도는 다음과 같이 나타낼 수 있다.

$$f^s(T,P) = P^{sat}(T)\phi^{sat}\exp\left[\frac{1}{RT}\sum_{J=1}\int_{P^J}^{P^{J+1}} V^J dP\right] \tag{2.1.27}$$

여기에서 $P^{sat}(T)$ 은 승화 압력(sublimation pressure)을 나타내며, ϕ^{sat} 는 승화압력에서의 휘산도 계수가 된다. 고체상을 비압축성이라고 가정하면 V^J 는 상수가 되어 식 2.1.27의 지수부분은 다음과 같이 나타낼 수 있다.

$$\frac{1}{RT}\sum_J\int_{P^J}^{P^{J+1}} V^J dP = \frac{1}{RT}V^J\sum_J(P^{J+1}-P^J) = \frac{1}{RT}V^J(P-P^{sat}) \tag{2.1.28}$$

고체의 몰 부피를 일정하게 V^s 라고 하고, 위의 결과를 식 2.1.27에 대입하면

$$f^s(T,P) = P^{sat}(T)\phi^{sat}\exp\left[\frac{V^s(P-P^{sat}(T))}{RT}\right] \tag{2.1.29}$$

이 된다. 고체의 승화 압력은 일반적으로 작기 때문에 $\phi^{sat} \simeq 1$이라고 할 수 있다. 따라서, 식 2.1.29는 다음과 같이 나타낼 수 있다.

$$f^s(T,P) = P^{sat}(T)\exp\left[\frac{V^s(P-P^{sat}(T))}{RT}\right] \tag{2.1.30}$$

식 2.1.30은 계의 압력이 낮지 않을 때나 높을 때 고체의 휘산도를 계산하는 식이며, 계의 압력이 낮다면 고체의 휘산도는 주어진 온도에서의 승화 압력과 같다고 간주할 수 있다.

$$f^s(T,P) = P^{sat}(T) \tag{2.1.31}$$

보기 2-1 **Soave / Redlich / Kwong 식을 이용한 증기압의 추정**

Soave / Redlich / Kwong (SRK) 상태방정식을 이용하여 $T=50$℃에서 n-hexane의 증기압을 추정하여라. n-hexane의 임계온도는 507.6 K이고 임계압력은 30.25 bar이며 이심인자는 0.301이다.

풀이 순수성분의 증기압에서는 기상과 액상의 몰 깁스 에너지가 동일하므로 기상과 액상의 휘산도 및 휘산도 계수도 동일하게 된다. 따라서, Soave / Redlich / Kwong 식을 이용하여 기상과 액상의 압축인자를 계산한 후 식 2.1.12를 이용하여 두 상의 휘산도 또는 휘산도 계수가 같아지는 압력을 찾으면 된다. 상태식을 이용하여 압축인자를 계산하기 위해서는 압력에 대한 정보가 요구되지만 문제에서 주어지지 않았으므로 모르기 때문에 압력을 적절히 가정한 후 반복계산을 통해 증기압을 찾도록 한다.

Step 1. 압력을 P_0로 가정
Step 2. Soave / Redlich / Kwong 식을 이용한 압축인자 계산
Step 3. 식 2.1.12를 이용한 기상과 액상의 휘산도(계수) 계산 및 비교

위의 step 2에서 Soave / Redlich / Kwong 식은 다음과 같이 압축인자 Z에 대한 3차 방정식으로 나타낼 수 있으며 매개변수에 따라 복수의 실근을 가질 수도 있다. 이 때 제일 작은 근은 액상에 대한 압축인자 Z^L을, 제일 큰 근을 기상에 대한 압축인자 Z^V를 나타낸다.

$$Z^3 - Z^2 + (A - \beta - \beta^2)Z - A\beta = 0 \tag{A}$$

위에서 매개변수 A, β는 식 2.1.14에서 정의된 것과 동일하다. Step 3에서 식 2.1.12를 이용한 휘산도 계수의 계산에서 유일하게 달라지는 매개변수는 압축인자의 값밖에 없다. 따라서, 식 2.1.12의 Z에 액체에 대한 압축인자 Z^L을 대입하면 ϕ^L이 계산되고, 기체에 대한 압축인자 Z^V를 대입하면 ϕ^V 계산된다. 휘산도 계수가 얻어지면 휘산도를 계산할 수 있으며 $f^L \neq f^V$이면 새로운 P를 가정한 뒤 step 2로 돌아간다. 이러한 반복과정을 통해 $f^L = f^V$를 만족할 때의 P가 결정되면 이 압력이 바로 증기압에 해당된다. $f^L = f^V$의 조건은 실제 계산에서 $\left|\frac{f^L}{f^V} - 1\right| < 0.0001$과 같은 모양으로 구현될 수 있다.이제 R 프로그램을 이용하여 증기압을 계산해 보자. R 프로그램은 Rstudio에서 작성 및 실행되었으며

R을 처음 사용하는 경우, 부록을 참조하기 바란다.

```
# 방정식의 근 찾기에 이용된 multiroot( ) 함수가 함된 R 패키지 로더
require(rootSolve)
TK=273.15+50 # 온도(50℃)를 절대온도로 변환

# n-hexane에 대한 자료
Pc=30.25 # 임계압력(bar)
Tc=507.6 # 임계온도(K)
w=0.301

R=83.14 # 기체상수(bar cm^3/mol K)
om=0.08664 # SRK 식의 Ω
psi=0.42748 # SRK 식의 Ψ
Tr=TK/Tc # 환산온도
ac=psi*(R*Tc)^2/Pc # 식 2.1.15의 a_c 계산

ka_srk=function(w) 0.480+1.574*w-0.176*w^2 # k_SRK 계산 함수(표 3-1 참조)
al_srk=function(Tr) (1+ka_srk(w)*(1-sqrt(Tr)))^2 # SRK 식의 α(Tr) 계산 함수
Zfun=function(Z) Z^3-Z^2+(A-B-B^2)*Z-A*B # 식 (A)
FugaC_SRK=function(Z) exp(Z-1-log(Z-B)-A/B*log(1+B/Z)) # SRK 식에 의한
# 휘산도 계수 계산 함수(식 2.1.12 참조)

n=1 # n은 반복횟수를 나타내기 위한 변수
P=0.4 # 증기압에 대한 초기 추정값(단위 : bar)

# 반복계산을 통한 기상과 액상의 휘산도 계산
repeat {
Pr=P/Pc  # 반복구문의 시작
B=om*Pr/Tr # 식 2.1.15의 β 계산
at=ac*al_srk(Tr) # 식 2.1.15의 a(T) 계산
A=at*P/(R*TK)^2 # 식 2.1.14의 A 계산

Zval=multiroot(Zfun,c(0,1))$root # 식 A의 근 계산, 두 개의 근이 계산됨

# 액체에 대한 압축인자 값 Zval[1]을 이용한 액체의 휘산도 계수계산
FugaC_L=FugaC_SRK(Zval[1])

# 기체의 압축인자 값 Zval[2]을 이용한 기체의 휘산도 계수계산
FugaC_V=FugaC_SRK(Zval[2])

# 액체와 기체의 휘산도 계수의 비 계산(액체와 기체는 동일한 압력하에 있기 때문에
```

```
# 휘산도 계수의 비는 휘산도의 비와 같다)
Ratio=FugaC_L/FugaC_V

cat("n=",n, "P=",round(P,4),"Fuga_L=",round(FugaC_L*P,4),
    "Fuga_V=",round(FugaC_V*P,4),"Ratio=", round(Ratio,4),"₩n")
if (abs(Ratio-1) < 0.0001) break #  if ()의 조건을 만족하면 repeat 구문을 빠져나감
else {           # if () 의 조건을 만족하지 않을 때 새로운 P 값을 계산하고
  P=P*Ratio      # repeat 구문의 시작 부분으로 돌아감
}
n=n+1 # 반복회수의 증가
}
```

```
n= 1 P= 0.4 Fuga_L= 0.5199 Fuga_V= 0.3928 Ratio= 1.3235
n= 2 P= 0.5294 Fuga_L= 0.5203 Fuga_V= 0.5168 Ratio= 1.0067
n= 3 P= 0.5329 Fuga_L= 0.5203 Fuga_V= 0.5202 Ratio= 1.0002
n= 4 P= 0.533 Fuga_L= 0.5203 Fuga_V= 0.5203 Ratio= 1
```

위의 결과를 통해 repeat 구문의 첫 번째 실행에서 압력이 0.4 bar일 때 액체의 휘산도는 0.5199 bar이고, 기체의 휘산도는 0.3928 bar로서 서로 같지 않다. 기체의 휘산도가 액체의 휘산도보다 작다는 것은 기체의 몰 깁스 에너지가 액체의 몰 깁스 에너지보다 작다는 것을 의미하므로 압력이 0.4 bar일 때는 n-hexane이 액체로 존재하는 것보다 기체로 존재하는 것이 더 안정한 상태임을 나타낸다. 즉, 주어진 온도에서 P=0.4 bar인 경우에는 n-hexane은 모두 기체(증기)로 존재할 것이다. 따라서, 액체가 나타나기 위해서는 압력을 좀 더 증가시켜야 할 것이다. 이 작업을 수행하는 것이 위의 코드에서 “P=P*Ratio” 부분이다. 압력을 증가시키면서 repeat 구문을 반복할 때 4번째 반복에서 기체와 액체의 휘산도는 같게 되며 이때의 압력은 0.533 bar이며 주어진 온도(T=50℃)에서 n-hexane의 증기압에 해당한다. SRK 식에 의해 추정된 증기압은 Antoine 식에 의해 계산된 값(0.541 bar)과 약 1.5%의 오차를 보인다.

보기 2-2 **Peng / Robinson 식을 이용한 증기압 계산**

Peng / Robbinson (PR)식을 이용하여 80~120 K의 온도범위에서 질소 증기압을 추정하여 보고 Anoine 식에 의해 계산된 값과 비교해 보라. 질소의 임계온도와 임계압력은 각각 126.2 K, 34 bar이며, 이심인자는 0.038이다.

- 질소에 대한 Anoine 식[3)]

$$\log_{10} P\,[\text{bar}] = 3.7362 - \frac{264.651}{T\,[\text{K}] - 6.788} \qquad (63.14 \le T \le 126)$$

풀이 보기 2-1과 동일한 방법으로 액체 질소와 기체 질소의 휘산도가 같아지는 압력을 찾으면 된다(실제 계산에서 기체와 액체는 동일한 압력에 있으므로 두 상에서 휘산도 계수가 같도록 하는 압력을 찾아도 된다). 80~120 K의 구간을 적절히 나눈 다음, 각 온도에서의 증기압을 계산하면 된다. 각 온도에서의 증기압을 알지 못하지만 임계압력 보다는 작아야 한다. PR 식은 다음과 같이 압축인자 Z에 대한 3차식으로 나타낼 수 있다.

$$Z^3+(\beta-1)Z^2+(A-2\beta-3\beta^2)Z-A\beta+\beta^2+\beta^3=0 \tag{A}$$

위의 방정식에서 매개변수 A, β는 식 2.1.14에서 정의된 것과 동일하다. 위의 식 A를 보기 2-1에서와 같이 R의 "rootSolve" 패키지에 포함된 multiroot( ) 함수를 사용하여 풀 때 주의해야 할 점이 있다. 초기의 압력이 증기압보다 너무 높거나 낮으면 식 (A)는 단일 근을 가질 수 있다. 이때는 압력을 낮추거나 높여 주어서 반드시 복수의 근을 가지도록 하여야 한다. 또한, 주어진 온도범위에서 $0 < Z < 1$일 때 multiroot( ) 함수에서 근의 탐색구간을 0과 1사이로 설정해 두면 0에서 가까운 근은 액체의 압축인자에 해당하며 1에 가까운 근은 기체의 압축인자에 해당하게 된다. R 프로그램을 이용하여 계산해보자.

```
require(rootSolve) # multiroot( ) 함수가 포함된 R 패키지 로더

# 질소의 임계물성
Pc=34        # 임계압력(bar)
Tc=126.2     # 임계온도(K)
w=0.038      # 이심인자

R=83.14 # 기체상수(bar cm3 / mol K)

# PR 식의 상수
om=0.0778 # Ω
psi=0.45727 # Ψ

ac=psi*(R*Tc)^2/Pc # 식 2.1.15의 a_c 계산

# k_PR, α_PR, ϕ, Z  계산 함수 정의
ka_pr=function(w) 0.37464+1.54226*w-0.26992*w^2
al_pr=function(Tr) (1+ka_pr(w)*(1-sqrt(Tr)))^2
FugaC_PR=function(Z) exp(Z-1-log(Z-B)-A/(sqrt(8)*B)*      # 식 2.1.13 참조
                         log((Z+(1+sqrt(2))*B)/(Z+(1-sqrt(2))*B)))
Zfun=function(Z) Z^3+(B-1)*Z^2+(A-2*B-3*B^2)*Z-A*B+B^2+B^3

TempK=seq(80,120,5) # 80~120 K 사이를 8개의 구간으로 나눔
PV=numeric(length(TempK)) # 증기압 계산값을 저장할 변수의 초기화

for (i in 1:length(TempK)) {
```

```
TK=TempK[i]
Tr=TK/Tc
at=ac*al_pr(Tr)
P=Pc # P의 초기치로서 임계압력 대입
repeat {
  repeat {
  Pr=P/Pc
  B=om*Pr/Tr
  A=at*P/(R*TK)^2
  Zval=multiroot(Zfun,c(0,1))$root
  if (abs(Zval[1]-Zval[2]) > 0.0001) break   # (1)
    else {
      P=P-0.1   # 압력을 감소시킴
    }
  }
  FugaC_L=FugaC_PR(Zval[1])
  FugaC_V=FugaC_PR(Zval[2])
  Ratio=FugaC_L/FugaC_V
    if (abs(Ratio-1) < 1e-6) break      # (2)
    else {
    P=P*Ratio
     }
}
PV[i]=P
}

# Antoine 식에 의한 증기압 계산
Antoine=10^(3.7362-264.651/(TempK-6.788))

vaporP=cbind(TempK,PV,Antoine)
vaporP
      TempK        PV   Antoine
 [1,]    80  1.377983  1.322336
 [2,]    85  2.296814  2.251310
 [3,]    90  3.612007  3.595483
 [4,]    95  5.414912  5.445402
 [5,]   100  7.801415  7.887921
 [6,]   105 10.871541 11.002945
 [7,]   110 14.729560 14.861084
 [8,]   115 19.484696 19.522190
```

```
[9,]    120 25.252259 25.034646
```

```
x11() # 그림 2.1
plot(TempK,PV,pch=1,ylim=c(0,30),xlab="Temperature (K)",ylab="Vapor pressure (bar)")
par(new=TRUE)
plot(TempK,Antoine,ylim=c(0,30),pch=2,xlab="",ylab="")
legend("topleft",c("Peng/Robinson","Antoine"),pch=1:2)
grid()
```

위의 코드에서 2개의 repeat 구문이 사용되었음을 알 수 있다. 안쪽의 repeat 루프는 방정식 A에 의해 계산된 기체와 액체의 압축인자의 값들이 어느 정도의 유의한 차이를 보이면 (여기서는 abs(Zval[1]−Zval[2]) > 0.0001로 구현) repeat 구문을 빠져나가고 그렇지 않으면 압력에 변화를 주도록 하였다(P=P−0.1로 구현, P의 초기값이 임계값이므로 압력을 감소시킴). 바깥쪽 repeat 루프는 보기 2-1에서의 repeat 루프와 동일한 기능을 가지며 식 2.1.13을 이용하여 계산된 액체질소와 기체질소의 휘산도 계수가 동일하게 되는 압력을 찾을 때까지 반복계산을 수행한다. 이러한 두 개의 반복루프를 80~120 K 사이에서 선별된 각 온도에서 수행하도록 하기위해 for 루프를 사용하였다. 그림 2.1에서 보는 바와 같이 PR 식에 의해 추정된 질소의 증기압과 Antoine 식에 의해 계산된 질소의 증기압은 좋은 일치를 보여주고 있다.

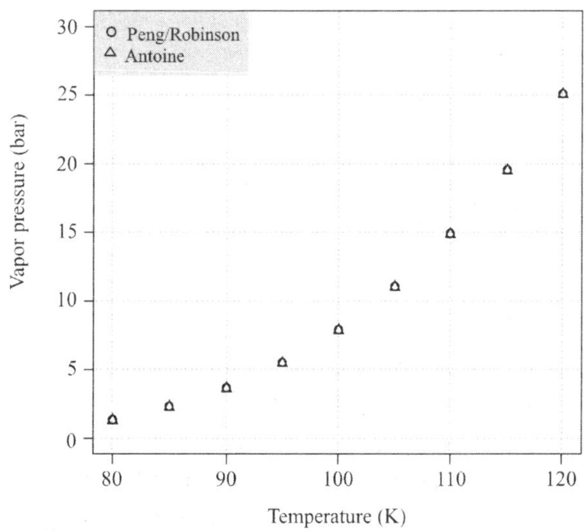

그림 2.1 **Peng/Robinson 상태식에 의해 추정된 질소의 증기압과 Atoine 식에 의해 계산된 질소의 증기압.**

3) Edejer, M.P., Thodos, G. Vapor pressures of liquid nitrogen between the triple and critical points, J. Chem. Eng. Data, 12(2): 206-209, 1967.

보기 2-3 **포인팅 압력보정인자를 이용한 고압 액체의 휘산도 계산**

T=463.15 K(190℃)에서 물의 증기압은 12.55 bar이고 포화액체의 몰부피는 V=20.57 × 10^{-6} m^3/mol이다. 같은 온도에서 압력이 150 bar일 때 물의 휘산도를 계산하여라. 물의 임계온도와 임계압력은 각각 647.1 K, 220.55 bar이며 이심인자는 0.345이다.

풀이 고압이므로 포인팅 보정인자를 무시할 수 없으므로 식 2.1.26을 이용하여 액체의 휘산도를 계산하도록 한다.

$$f^L(T,P) = P^{sat}(T)\phi^{sat}\exp\left[\frac{V^L(P-P^{sat})}{RT}\right] \tag{2.1.26}$$

문제에서의 주어진 정보로부터 위의 식에서 포인팅 보정인자는 쉽게 계산할 수 있다. 따라서, 주어진 온도에서 포화액체 혹은 포화증기의 휘산도 계수 ϕ^{sat}를 계산하는 방법을 생각해 보자. 463.15 K에서 증기압이 주어져 있으므로 보기 2-1, 2-2에서와 같이 상태방정식을 이용하면 포화액체와 포화기체에 대한 압축인자의 값을 동시에 구할 수 있다. 하지만, 상태방정식은 액상에서보다 기상에서 상대적으로 높은 정확성을 보이기 때문에 포화액체에 대한 압축인자 값을 사용하는 것보다 포화증기에 대한 압축인자 값을 사용하여 계산하도록 하는 것이 좋다. 여기서는 식 2.1.13(Peng/Robinson 식)을 이용하여 ϕ^{sat}를 계산해 보자. 그리고 식 2.1.26을 이용하여 최종적으로 190℃, 150 bar에서의 액체 물에 대한 휘산도를 계산하도록 한다. 다음은 R 프로그램을 이용한 풀이과정이다.

```
# 물의 임계물성
Pc=220.55  # 임계압력(bar)
Tc=647.1  # 임계온도(K)
w=0.345   # 이심인자
R=83.14 # 기체상수(bar cm^3/mol K)
# Peng/Robinson 상태식 상수
om=0.0778
psi=0.45727
# k_PR, α_PR, φ, Z 계산 함수 정의
ka_pr=function(w) 0.37464+1.54226*w-0.26992*w^2
al_pr=function(Tr) (1+ka_pr(w)*(1-sqrt(Tr)))^2
FugaC_PR=function(Z) exp(Z-1-log(Z-B)-A/(sqrt(8)*B)*
                    log((Z+(1+sqrt(2))*B)/(Z+(1-sqrt(2))*B)))
Zfun=function(Z) Z^3+(B-1)*Z^2+(A-2*B-3*B^2)*Z-A*B+B^2+B^3

TK=463.15
Tr=TK/Tc
ac=psi*(R*Tc)^2/Pc # 식 2.1.15의 a_c 계산
at=ac*al_pr(Tr) # 식 2.1.15의 a(T) 계산
```

```
P=12.55 # 190℃에서 물의 증기압(bar)
Pr=P/Pc
B=om*Pr/Tr # 식 2.1.14의 β 계산
A=at*P/(R*TK)^2 # 식 2.1.14의 A 계산
Zval=multiroot(Zfun,c(0,1))$root
Zval
[1] 0.008156792 0.937811083 # 압축인자 Z^L, Z^V (순서대로)

Zv=Zval[2] # 포화기체에 대한 압축인자 값
fsat=FugaC_PR(Zval[2])*P # 포화기체 압축인자를 이용한 포화 휘산도 계산
fsat
[1] 11.81155  # bar

# 포인팅 보정인자의 계산
PoynF=exp(20.57*(150-12.55)/(83.14*463.15))
PoynF
[1] 1.076188

fL=fsat*PoynF
fL
[1] 12.71145  # 190℃, 150 bar 상태 물의 휘산도.
```

따라서, 190℃, 150 bar의 액체물의 휘산도는 12.71 bar임을 알 수 있다.

2.2 다성분계에서의 휘산도 계산

서로 화학반응을 하지 않는 n개의 성분으로 이루어진 계가 일정한 온도와 압력에서 α, β, $\cdots$, π상에서 평형을 이루고 있다면 식 1.2.7과 1.3.10에 의해 다음의 식이 성립하게 된다.

$$\hat{f}_i^{\alpha} = \hat{f}_i^{\beta} = \cdots = \hat{f}_i^{\pi} \quad (i = 1, \cdots, n) \tag{2.2.1}$$

여기에서 $\hat{f}_i$는 혼합물(다성분계)에서 성분 i의 휘산도로서 평형상태에서는 모든 상에서 동일함을 보여준다. 따라서, 다성분계의 상평형 문제를 다루기 위해서는 $\hat{f}_i$의 계

산이 필요함을 알 수 있다. 순수성분의 휘산도를 계산할 때 휘산도 계수(ϕ)를 구한 다음, 휘산도 계수에 계의 압력을 곱하여 휘산도를 것과 같은 방법으로 혼합물에서는 성분 i에 대한 휘산도 계수($\hat{\phi}_i$)를 계산한 다음, 성분 i의 분압을 곱하여 휘산도를 계산할 수 있다. 혼합물에서 성분 i의 휘산도 계수는 잔류 화학 포텐셜로부터 계산될 수 있다. 즉, 식 1.3.10에서 1.3.9를 빼면

$$\mu_i - \mu_i^{ig} = \mu_i^R = RT\ln\frac{\hat{f}_i}{y_i P} = RT\ln\hat{\phi}_i \tag{2.2.2}$$

이 된다. 여기에서 y_i는 성분 i의 몰분율을 나타내며 $\hat{\phi}_i = \hat{f}_i / y_i P$이다. 혼합물에서 성분 휘산도를 계산하기 위해 잔류 화학 포텐셜을 계산해보자. 다성분계에서 화학 포텐셜 변화는 다음과 같이 주어진다.

$$\mu_i = \overline{G}_i = \overline{V}_i\,dP - \overline{S}_i\,dT \tag{2.2.3}$$

여기에서 $\overline{V}_i$, $\overline{S}_i$는 각각 성분 i의 부분몰 부피, 부분몰 엔트로피에 해당한다. 일정한 온도에서 식 2.2.3은

$$d\mu_i = \overline{V}_i\,dP \tag{2.2.4}$$

이 된다. 식 2.2.4를 이상기체 혼합물에 적용하면 다음과 같다.

$$d\mu_i^{ig} = \overline{V}_i^{ig}dP \tag{2.2.5}$$

식 2.2.4에서 식 2.2.5를 빼면

$$d(\mu_i - \mu_i^{ig}) = d\mu^R = (\overline{V}_i - \overline{V}_i^{ig})dP \tag{2.2.6}$$

이 된다. 식 2.2.6을 적분하면

$$\mu_i^R = \int_0^P (\overline{V}_i - \overline{V}_i^{ig})dP \text{ (일정한 온도)} \tag{2.2.7}$$

이 된다. 식 2.2.2와 2.2.7을 이용하여 혼합물에서 성분의 휘산도 계수는 다음과 같이 나타낼 수 있다.

$$\ln \hat{\phi}_i = \frac{1}{RT}\int_0^P (\overline{V}_i - \overline{V}_i^{ig})dP \tag{2.2.8}$$

식 2.2.8의 적분을 계산하기 위해 상태방정식을 사용할 수 있다. 혼합물에서 상태방정식은 계의 부피를 $V^t\ (= nV)$라고 하면 $V^t = f(T, P, n_i)$로 둘 수 있으며, 온도가 일정할 경우 부피는 두 개의 독립변수(압력과 조성)의 함수로서 삼중곱의 규칙에 의해 다음 식을 만족한다.

$$\left(\frac{\partial V^t}{\partial n_i}\right)_{T,P,n_{j\neq i}}\left(\frac{\partial P}{\partial V^t}\right)_{T,n_j}\left(\frac{\partial n_i}{\partial P}\right)_{T,V^t,n_{j\neq i}} = -1 \tag{2.2.9}$$

또한, $(\partial P/\partial V^t)_{T,n_j}(\partial V^t/\partial P)_{T,n_j} = 1$, $(\partial n_i/\partial P)_{T,V^t,n_{j\neq i}}(\partial P/\partial n_i)_{T,n_j} = 1$ 이므로

$$\left(\frac{\partial V^t}{\partial n_i}\right)_{T,P,n_{j\neq i}} = \overline{V}_i = -\left(\frac{\partial V^t}{\partial P}\right)_{T,n_j}\cdot\left(\frac{\partial P}{\partial n_i}\right)_{T,V^t,n_{j\neq i}} \tag{2.2.10}$$

가 된다. 식 2.2.10을 식 2.2.8에 대입하면 다음과 같다.

$$\begin{aligned}\ln \hat{\phi}_i &= \frac{1}{RT}\int_0^P \left(\overline{V}_i - \overline{V}_i^{ig}\right)dP \qquad (2.2.11)\\ &= \frac{1}{RT}\int_0^P \left[-\left(\frac{\partial V^t}{\partial P}\right)_{T,n_j}\cdot\left(\frac{\partial P}{\partial n_i}\right)_{T,V^t,n_{j\neq i}} - \frac{RT}{P}\right]dP\\ &= \frac{1}{RT}\int_0^P \left[-\left(\frac{\partial V^t}{\partial P}\right)_{T,n_j}\cdot\left(\frac{\partial P}{\partial n_i}\right)_{T,V^t,n_{j\neq i}}\right]dP - \int_0^P \frac{dP}{P}\end{aligned}$$

여기에서 $(\partial V^t/\partial P)_{T,n_j}dP = dV^t = n\,dV$로 둘 수 있으므로 식 2.2.11은 다음과 나타낼 수 있다.

$$\ln \hat{\phi}_i = -\frac{1}{RT}\int_\infty^V n\left(\frac{\partial P}{\partial n_i}\right)_{T,V^t,n_{j\neq i}} dV - \int_0^P \frac{dP}{P} \tag{2.2.12}$$

식 2.1.8을 이용하여 식 2.2.12의 dP를 소거하면

$$\ln \hat{\phi}_i = -\frac{1}{RT}\int_{\infty}^{V} n\left(\frac{\partial P}{\partial n_i}\right)_{T,\, V^t,\, n_{j\neq i}} dV - \int \frac{1}{P}\left[\frac{P}{Z}dZ - \frac{P}{V}dV\right] \tag{2.2.13}$$

$$= -\frac{1}{RT}\int_{\infty}^{V} n\left(\frac{\partial P}{\partial n_i}\right)_{T,\, V^t,\, n_{j\neq i}} dV - \int_{1}^{Z}\frac{dZ}{Z} + \int_{\infty}^{V}\frac{dV}{V}$$

$$= \frac{1}{RT}\int_{\infty}^{V}\left[\frac{RT}{V} - n\left(\frac{\partial P}{\partial n_i}\right)_{T,\, V^t,\, n_{j\neq i}}\right]dV - \ln Z$$

이 된다. 식 2.2.13에서 $(\partial P/\partial n_i)_{T,\, V,\, n_{j\neq i}}$는 상태방정식을 이용하여 계산할 수 있다. 혼합물에 대한 상태방정식은 순수한 물질에 대한 상태방정식과 동일한 형태를 갖고 있지만 매개변수는 적절한 혼합규칙에 통해 계산된다. 반 데어 발스 상태식을 따르는 두 성분 1, 2의 혼합물의 경우를 고려해 보자. 각 성분에 대한 반 데어 발스 상태식을 다음과 같이 나타낼 수 있다.

$$P = \frac{RT}{V-b_1} - \frac{a_1}{V^2} \text{ (성분 1)},\ \ P = \frac{RT}{V-b_2} - \frac{a_2}{V^2} \text{ (성분 2)}$$

두 성분의 혼합물도 반 데어 발스 상태식을 따를 것이라고 생각할 수 있으며 다음과 나타낼 수 있다.

$$P = \frac{RT}{V-b_{mix}} - \frac{a_{mix}}{V^2} \tag{2.2.14}$$

식 2.2.14에서 매개변수 a_{mix}와 b_{mix}는 성분 1과 2의 매개변수 값 a_1, b_1 또는 a_2, b_2와는 다른 값이 된다. 혼합물의 상태방정식에 등장하는 매개변수들의 값들은 일반적으로 순수한 성분에 대한 매개변수들의 값을 어떤 일정한 규칙(혼합규칙)을 적용하여 계산한다. 상태방정식의 경우 다음의 혼합규칙을 많이 사용한다.

$$a_{mix} = \sum_{i=1}^{n}\sum_{j=}^{n} y_i y_j a_{ij}\ ,\ b_{mix} = \sum_{i=1}^{n} y_i b_i \tag{2.2.15}$$

여기에서 a_{ii}와 b_i는 순수한 성분 i에 대한 매개변수이고, y_i는 몰분율을 나타낸다. 결합규칙은

$$a_{ij} = \sqrt{a_{ii}a_{jj}}\,(1-k_{ij}) = a_{ji} \tag{2.2.16}$$

이다. 식 2.2.16에서 k_{ij}는 상호작용 매개변수(binary interaction parameter)로서 실험을 통해 얻게 되며, $k_{ii} = k_{jj} = 0$이 된다. 식 2.2.15에서 매개변수 b_{mix}의 단위는 몰부피와 같고, a_{mix}의 단위는 몰부피의 제곱에 해당한다. 이들 매개변수의 조성에 대한 편미분은 다음과 같다.

$$\left(\frac{\partial(nb_{mix})}{\partial n_i}\right)_{T,V,n_{j\neq i}} = \left(\frac{\partial}{\partial n_i}(n_1 b_1 + n_2 b_2 + \cdots + n_i b_i + \cdots + n_n b_n)\right)_{T,V,n_{j\neq i}} \tag{2.2.17}$$

$$= b_i$$

$$\left(\frac{\partial(n^2 a_{mix})}{\partial n_i}\right)_{T,V,n_{j\neq i}} = \left[\frac{\partial}{\partial n_i}\sum_i^n\sum_j^n n_i n_j a_{ij}\right]_{T,V,n_{j\neq i}} = 2\sum_j^n n_j a_{ij} \tag{2.2.18}$$

식 2.2.13의 피적분함수에 나타난 편미분 $(\partial P/\partial n_i)_{T,V^t,n_{j\neq i}}$을 계산하기 위해 식 2.2.14의 분자/분모에 n 또는 n^2을 곱하여 다음과 같이 나타내보자.

$$P = \frac{RT}{V - b_{mix}} - \frac{a_{mix}}{V^2} = \frac{nRT}{V^t - nb_{mix}} - \frac{n^2 a_{mix}}{(V^t)^2} \tag{2.2.19}$$

계의 부피와 온도를 일정하게 유지하고 식 2.2.19를 i성분의 몰수 n_i에 대해 편미분할 때 식 2.2.17과 2.2.18의 결과를 대입하여 정리하면

$$\left(\frac{\partial P}{\partial n_i}\right)_{T,V^t,n_{j\neq i}} = \frac{RT}{V^t - nb_{mix}} + \frac{nRTb_i}{(V^t - nb_{mix})^2} - \frac{2\sum_j^n n_j a_{ij}}{(V^t)^2} \tag{2.2.20}$$

$$= \frac{RT}{V - b_{mix}} + \frac{RTb_i}{(V - b_{mix})^2} - \frac{2\sum_j^n y_j a_{ij}}{V^2}$$

위의 결과를 식 2.2.13에 대입하여 정리하면 반 데어 발스 상태식에 의한 성분 휘산도는 다음과 같이 주어진다.

$$\ln\hat{\phi}_i = \frac{1}{RT}\int_{\infty}^{V}\left[\frac{RT}{V} - \frac{RT}{V-b_{mix}} - \frac{RTb_i}{(V-b_{mix})^2} + \frac{2\sum_j y_j a_{ij}}{V^2}\right]dV - \ln Z \tag{2.2.21}$$

$$= \frac{1}{RT}\left[RT\ln\frac{V}{V-b_{mix}} + \frac{RTb_i}{(V-b_{mix})}\right]_{\infty}^{V} - \frac{1}{RT}\left[\frac{2\sum_j y_j a_{ij}}{V}\right]_{\infty}^{V} - \ln Z$$

$$= \left[\ln\frac{V}{V-b_{mix}} + \frac{b_i}{(V-b_{mix})}\right] - \frac{1}{RT}\frac{2\sum_j y_j a_{ij}}{V} - \ln Z$$

위의 식에서 $V = ZRT/P$를 대입하고, $\beta_i = b_i P/RT$, $\beta_{mix} = b_{mix} P/RT$, $A_{ij} = a_{ij} P/(RT)^2$로 두면 식 2.2.21은

$$\ln\hat{\phi}_i = \ln\frac{Z}{Z-\beta_{mix}} + \frac{\beta_i}{Z-\beta_{mix}} - \frac{2\sum_j y_j A_{ij}}{Z} - \ln Z \tag{2.2.22}$$

$$= \frac{\beta_i}{Z-\beta_{mix}} - \ln(Z-\beta_{mix}) - \frac{2\sum_j y_j A_{ij}}{Z}$$

이 된다. 혼합물에 대한 상태방정식의 매개변수가 식 2.2.15에 의해 계산될 때 Peng / Robinson 상태방정식을 이용하여 성분 휘산도를 나타내면 다음과 같다.

$$\ln\hat{\phi}_i = \frac{\beta_i}{\beta_{mix}}(Z-1) - \ln(Z-\beta_{mix}) - \frac{A_{mix}}{2\sqrt{2}\,\beta_{mix}}\left[\frac{2\sum_j y_j A_{ij}}{A_{mix}} - \frac{\beta_i}{\beta_{mix}}\right]\ln\left[\frac{Z+(1+\sqrt{2})\beta_{mix}}{Z+(1-\sqrt{2})\beta_{mix}}\right] \tag{2.2.23}$$

반 데어 발스 상태식, Peng / Robinson 상태식과 같은 3차 상태방정식으로부터 계산된 휘산도 계수식들은 기체뿐만 아니라 액체 혼합물에 대해서도 사용할 수 있다. 일반적으로 3차 상태방정식은 고압의 유체 혼합물에 대한 휘산도를 계산할 때 사용되며, 압력이 비교적 낮은 기체 혼합물의 경우에는 축약된 비리얼 상태식을 이용하여 성분 휘산도를 계산할 수 있다. 제2비리얼 계수까지 고려된 비리얼 상태식은 다음과 같이 나타낼 수 있다.

$$Z = \frac{PV}{RT} = 1 + \frac{B_{mix}}{V} \tag{2.2.24}$$

여기에서 기체 혼합물에 대한 제2비리얼 계수는

$$B_{mix}(T,y) = \sum_i \sum_j y_i\, y_j\, B_{ij}(T) \tag{2.2.25}$$

가 된다. $(\partial P/n_i)_{T,\ V^t,\ n_{j\neq i}}$ 를 계산하기 위해 식 2.2.24를 P에 대하여 정리하면

$$P = \frac{RT}{V} + \frac{RT}{V^2} B_{mix} = \frac{nRT}{V^t} + \frac{RT}{(V^t)^2} \sum_i \sum_j n_i n_j B_{ij} \tag{2.2.26}$$

이 된다. 식 2.2.26으로부터 $n(\partial P/n_i)_{T,\ V^t,\ n_{j\neq i}}$ 를 계산하면

$$\left(\frac{\partial P}{\partial n_i}\right)_{T,\ V^t,\ n_{i\neq j}} = \frac{RT}{V^t} + RT\frac{2\sum_j n_j B_{ij}}{(V^t)^2} \tag{2.2.27}$$

$$n\left(\frac{\partial P}{\partial n_i}\right)_{T,\ V^t,\ n_{i\neq j}} = \frac{RT}{V} + RT\frac{2\sum_j y_j B_{ij}}{(V)^2} \tag{2.2.28}$$

이 된다. 식 2.2.28을 식 2.2.13에 대입하여 정리하면

$$\ln \hat{\phi}_i = \int_{\infty}^{V} \left[-\frac{2\sum_j y_j B_{ij}}{V^2} \right] dV - \ln Z \tag{2.2.29}$$

$$= 2\sum_j y_j B_{ij} \left[\frac{1}{V} \right]_{\infty}^{V} - \ln Z$$

$$= \frac{2\sum_j y_j B_{ij}}{V} - \ln Z$$

$$= \frac{2P}{ZRT} \sum_j y_j B_{ij} - \ln Z$$

여기에서 혼합물의 압축인자 Z 계산하기 위해 식 2.2.24를 다음과 같이 Z의 이차방정식으로 나타내보자.

$$Z = 1 + \frac{PB_{mix}}{ZRT} \tag{2.2.30}$$

$$Z^2 - Z - \frac{PB_{mix}}{RT} = 0$$

따라서, 식 2.2.30을 이용하여 압축인자 Z를 계산하면 다음과 같다.

$$Z = \frac{1}{2}\left(1 + \sqrt{1 + \frac{4B_{mix}P}{RT}}\right) \tag{2.2.31}$$

보기 2-4 **상태방정식을 이용한 혼합물의 기액평형 계산**

methane(1)/n-pentane(2) 계가 T =37.78℃에서 기액평형을 이루고 있다. 액상에서의 methane의 조성이 0.3일 때 기상의 조성과 계의 압력을 Peng/Robinson(PR) 식을 이용하여 계산하여라. methane과 n-pentane에 대한 Antoine 식은 다음과 같이 주어진다.

$$\ln P^{sat}[\text{bar}] = A - \frac{B}{T[K] + C}$$

	Antoine 식 상수			임계성질		이심인자
	A	B	C	$T_c(K)$	$P_c(\text{bar})$	
methane	8.6041	897.84	−7.16	190.6	46.0	0.008
n-pentane	9.2131	2477.07	−39.94	469.6	33.74	0.251

풀이 이성분계가 기액평형을 이루고 있으므로 각 성분에 대해 기상에서의 휘산도와 액상에서의 휘산도는 같게 된다. 즉, 액상의 조성을 x_i, 기상의 조성의 y_i라고 하면 다음의 식이 성립한다.

$$x_i\hat{\phi}_i^L P = y_i\hat{\phi}_i^V P \;,\; x_i\hat{\phi}_i^L = y_i\hat{\phi}_i^V \tag{A}$$

위의 식 A에서 액상의 조성이 알려져 있으므로 기상과 액상의 휘산도 계수를 계산하면 기상의 조성을 구할 수 있다(혼합물이므로 단일성분의 기액평형에서와 같이 기상과 액상에서의 휘산도 계수가 같다고 놓으면 안 되며, 각 상에서의 성분 휘산도가 같다는 조건을 사용해야 한다!). PR을 이용하여 유도된 식 2.2.23으로부터 혼합물의 성분 휘산도 계수를 계산하기 위해서는 온도, 압력, 조성에 대한 정보가 필요하다. 압력과 기상에 대한 조성에 알려져 있지 않으므로 이들에 대한 초기치를 설정하고 반복계산이 필요하다. 온도와 액상의 조성이 알려져 있으므로 기상의 조성과 압력의 초기치를 계산하기 위해 다음의 Raoult의 법칙을 이용하자.

$$x_i P_i^{sat} = y_i P\,,\;\; P = \sum_i x_i P_i^{sat} \tag{B}$$

각 성분에 대한 Antoine 식이 주어져 있으므로 P_i^{sat}는 계산할 수 있다. 식 2.2.23을 통해 휘산도 계수를 계산하기 위해 먼저 혼합물에 대한 압축인자를 계산하여야 한다. PR 식을 통해 혼합물의 압축인자를 계산하는 것은 매개변수의 계산 외에는 순수한 물질에서와 동일하다.

$$Z^3 + (\beta_m - 1)Z^2 + (A_m - 2\beta_m - 3\beta_m^2)Z - A_m\beta_m + \beta_m^2 + \beta_m^3 = 0 \tag{C}$$

위의 식에서 아래첨자 m은 혼합물을 나타내며 다음과 같이 정의된다.

$$A_m = a_{mix}P/(RT)^2\,,\;\; \beta_m = \beta_{mix}P/RT \tag{D}$$

a_{mix}와 β_{mix}는 식 2.2.15에서 정의된 것과 같다[상호작용 매개변수(k_{ij})는 주어져 있지 않으므로 0으로 둔다]. 식 2.2.15에서 보는 바와 같이 a_{mix}와 β_{mix}는 조성에 따라 달라짐을 주의하자. 혼합물의 액상에 대한 압축인자 값을 계산하기 위해서는 액상의 조성을 이용해서 계산된 A_m, β_m을 식 C에 대입하여 제일 작은 근을 취하여여야 하고, 기상에 대한 압축인자 값을 계산하기 위해서는 기상의 조성을 이용하여 계산된 A_m, β_m을 식 C에 대입하여 제일 큰 근을 취하여야 한다. 즉, 기상과 액상에 대해 상태방정식의 매개변수가 달라진다. 기상과 액상에 해당하는 A_m, β_m, Z값을 계산한 후 다음 식에 대입하면 각 상에 대한 휘산도 계수를 구할 수 있다.

$$\begin{aligned}\ln\hat{\phi}_i &= \frac{\beta_i}{\beta_{mix}}(Z-1) - \ln(Z-\beta_{mix}) \\ &\quad - \frac{A_{mix}}{2\sqrt{2}\,\beta_{mix}}\left[\frac{2\sum_j y_j A_{ij}}{A_{mix}} - \frac{\beta_i}{\beta_{mix}}\right]\ln\left[\frac{Z+(1+\sqrt{2})\beta_{mix}}{Z+(1-\sqrt{2})\beta_{mix}}\right]\end{aligned} \tag{2.2.23}$$

위의 식을 통해 기상과 액상의 휘산도 계수가 결정되면 식 A를 이용하여 기상의 조성을 계산할 수 있다. 계산된 기상 조성의 합이 1 보다 작으면 압력을 낮추어 기상의 몰분율을 증가시키고 기상 조성의 합이 1 보다 크면 압력을 높여 기상의 몰분율을 감소시키도록 한다. 압력이 달라지면 상태방정식의 매개변수 값이 달라지므로 식 C, 2.2.23을 다시 계산하여야 한다. 기상 조성의 합이 1이 될 때의 압력이 평형압력이 되며, 이때의 기상 조성이 평형조성이 된다. 이러한 계산을 반복구문을 통해 구현될 수 있다. R 프로그램을 이용하여 계산해 보자.

```
require(rootSolve) # 식(C) 방정식 풀이를 위한 multiroot( ) 함수가 포함된 R 패키지로더

# Antoine 식의 매개변수(순서대로 methane, n-pentane)
An=c(8.6041,9.2131)
Bn=c(897.84,2477.07)
```

```
Cn=c(-7.16,-39.94)

# 임계성질 및 이심인자(순서대로 methane, n-pentane)
Tc=c(190.6,469.6) # K
Pc=c(46,33.74) # bar
w=c(0.008,0.251)

# 매개변수 A_m 계산을 위한 함수정의
Am=function(x) {
  am=t(x)%*%sqrt(at%*%t(at))%*%x
  return(am*P/(R*TK)^2)
}

# 매개변수 β_m 계산을 위한 함수정의
Bm=function(x) {
  bm=sum(x*b)
  return(bm*P/(R*TK))
}

# 식 2.2.23에서 Σ_j y_j A_ij 계산을 위한 함수정의
Aijs=function(x) {
  aij=sqrt(at%*%t(at))%*%x
  return(as.vector(aij*P/(R*TK)^2))
}

# PR 식과 관련된 함수들 정의
ka_PR=function(w) 0.37464+1.54226*w-0.26992*w^2
al_PR=function(Tr) (1+ka_PR(w)*(1-sqrt(Tr)))^2
Z_PR=function(Z) Z^3-(1-B)*Z^2+(A-3*B^2-2*B)*Z-(A*B-B^2-B^3)
fuga_c=function(Z,x) {
 lnfugaC=Bi/B*(Z-1)-log(Z-B)-A/(sqrt(8)*B)*(2*Aijs(x)/A-Bi/B)*
     log((Z+(1+sqrt(2))*B)/(Z+(1-sqrt(2))*B))
 return(exp(lnfugaC))
}

# 상수 및 온도에 의해 결정된 상수들
psi=0.45727
om=0.0778
TK=37.78+273.15# 평형온도 (K)
R=83.14 # bar cm^3/mol K
Tr=TK/Tc
```

```
ac=psi*(R*Tc)^2/Pc
at=ac*al_PR(Tr)
b=om*R*Tc/Pc

# 압력과 기상 조성의 초기치
x=c(0.3,0.7)
Psat=exp(An-Bn/(TK+Cn))
P0=sum(x*Psat)
y0=(x*Psat)/P0

P=P0; y=y0
n=1
repeat{     # 반복구문의 시작
Pr=P/Pc
Bi=b*P/(R*TK)

# 액상의 매개변수 계산
A=Am(x)
B=Bm(x)
Zval=multiroot(Z_PR,c(0,1))$root
fugaC_L=fuga_c(Zval[1],x) # 액상의 휘산도 계수 계산

# 기상의 매개변수 계산
A=Am(y)
B=Bm(y)
Zval=multiroot(Z_PR,c(0,1))$root
fugaC_V=fuga_c(Zval[2],y) # 기상의 휘산도 계수 계산

# 휘산도 계수를 이용한 기상조성의 계산
y=x*fugaC_L/fugaC_V

cat("n=",n, "fugaC_Luid",round(fugaC_L,4),"fugaC_Vapor=",
    round(fugaC_V,4), "y=", round(y,4),"P=",round(P,4),"₩n")

if(abs(sum(y)-1)<1e-6) break # ∑_i y_i ≃ 1이면 repeat 구문을 빠져나감
   else {
  P=P*sum(y)
}
n=n+1
} # 반복구문의 종료
#(순서대로 반복회수, φ̂_1^L, φ̂_2^L, φ̂_1^V, φ̂_2^V, y_1, y_2, P(bar)
```

```
n= 1 fugaC_L 2.212 0.018 fugaC_V= 0.86 0.272 y= 0.771 0.046 P= 85.907
n= 2 fugaC_L 2.593 0.021 fugaC_V= 0.882 0.377 y= 0.882 0.038 P= 70.254
n= 3 fugaC_L 2.775 0.022 fugaC_V= 0.89 0.369 y= 0.936 0.041 P= 64.632
n= 4 fugaC_L 2.828 0.022 fugaC_V= 0.893 0.349 y= 0.95 0.045 P= 63.145
n= 5 fugaC_L 2.842 0.022 fugaC_V= 0.895 0.34 y= 0.953 0.046 P= 62.782
n= 6 fugaC_L 2.846 0.022 fugaC_V= 0.896 0.338 y= 0.953 0.046 P= 62.681
n= 7 fugaC_L 2.847 0.022 fugaC_V= 0.896 0.337 y= 0.953 0.046 P= 62.649
n= 8 fugaC_L 2.847 0.022 fugaC_V= 0.896 0.337 y= 0.954 0.046 P= 62.639
n= 9 fugaC_L 2.847 0.022 fugaC_V= 0.896 0.337 y= 0.954 0.046 P= 62.636
n= 10 fugaC_L 2.847 0.022 fugaC_V= 0.896 0.337 y= 0.954 0.046 P= 62.635
n= 11 fugaC_L 2.847 0.022 fugaC_V= 0.896 0.337 y= 0.954 0.046 P= 62.634
n= 12 fugaC_L 2.847 0.022 fugaC_V= 0.896 0.337 y= 0.954 0.046 P= 62.634
```

methane(1)/n-pentane(2) 계가 T=37.78℃에서 기액 평형을 이루고 있을 때, 액상의 methane 조성이 0.3이라면 기상의 메탄조성은 0.954이며 이때의 계의 압력은 62.634 bar로 계산되었다. 실험적 측정값은 기상의 메탄조성은 0.95, 계의 압력은 69.1 bar이다. 본 계산에서 0으로 간주한 상호작용 매개변수(k_{ij})에 대한 정보가 있다면 좀 더 정확한 결과를 추정할 수 있을 것이다.

study R code에 대해 보충설명

매개변수 A_m 계산을 위한 함수를 살펴보면 다음과 같다.

```
Am=function(x) {
  am=t(x)%*%sqrt(at%*%t(at))%*%x
  return(am*P/(R*TK)^2)
}
```

여기에서 at는 $a(T)$의 값이 되며 실질적으로 $\mathrm{at}=(\mathrm{a(T)_1, a(T)_2})$가 된다. %*%는 행렬에서 정의되는 곱을 나타내는 R의 연산자이다. t( )는 행렬의 전치행렬을 구하는 함수이다. 온도가 정해져 있으므로 $a(T)$를 간단히 a로 나타낼 때 at%*%t(at)는 다음의 2×2의 행렬이 된다.

$$\begin{pmatrix} a_1^2 & a_1a_2 \\ a_1a_2 & a_2^2 \end{pmatrix}$$

sqrt( ) 함수는 제곱근을 나타낸다. 기본적으로 벡터는 열로 저장되기 때문에 t(at), t(x)는 열벡터를 행벡터로 바꿔준다고 생각하면 된다. 따라서, t(x)%*%sqrt(at%*%t(a t))%*%x의 결과는

$$a_1x_1^2 + 2\sqrt{a_1a_2}\,x_1x_2 + a_2x_2^2$$

이 된다. 즉, 식 2.2.15의 a_{mix}가 되므로 결과가 스칼라가 된다.

다음으로 $\sum_j y_j A_{ij}$ 계산을 위한 함수를 살펴보자.

```
Aijs=function(x) {
  aij=sqrt(at%*%t(at))%*%x
  return(as.vector(aij*P/(R*TK)^2))
}
```

at%*%t(at) 부분의 결과부분이 2 × 2 행렬이고 x가 2 × 1인 열벡터이므로 aij는 다음과 같이 2 × 1 열벡터가 된다.

$$\begin{pmatrix} a_1x_1 + \sqrt{a_1a_2}\,x_2 \\ \sqrt{a_1a_2}\,x_1 + a_2x_2 \end{pmatrix}$$

마지막으로 휘산도 계수 계산에 사용된 함수를 살펴보자.

```
fuga_c=function(Z,x) {
 lnfugaC=Bi/B*(Z-1)-log(Z-B)-A/(sqrt(8)*B)*(2*Aijs(x)/A-Bi/B)*
     log((Z+(1+sqrt(2))*B)/(Z+(1-sqrt(2))*B))
 return(exp(lnfugaC))
}
```

위의 코드에서 Bi는 2 × 1인 열벡터, B는 스칼라이므로 Bi/B*(Z-1)는 2 × 1인 열벡터가 된다. 또한, Z와 B는 스칼라이므로 log(Z-B)도 스칼라이다. 이렇게 열벡터와 스칼라가 같이 있을 때 연산은 어떻게 되는지 다음의 예를 살펴보자.

```
> c(2,3)-1
[1] 1 2
```

위의 연산의 결과는 c(2,3)-c(1,1)과 같다. 즉, 스칼라를 반복하여 열벡터와 동일한 길이로 만든 다음 연산을 수행하게 된다. R의 이와 같은 기능은 계산에 편리함을 제공할 때가 많다. 위에서 휘산도 계수를 계산하는 함수 fuga_c(Z,x)는 압축인자의 값과 조성을 인수로 취한다. 각 상에서 성분 1과 2는 동일한 압축인자를 가지므로 Z는 단일값이 스칼라로, 조성 x는 2 × 1인 열벡터로 입력할 수 있으며, 스칼라 값의 반복을 통한 자동 차원맞춤을 통해 각 상에 대한 두 성분의 휘산도 계수를 동시에 계산할 수 있다.

보기 2-5

상태방정식을 혼합물의 Pxy 그래프 작성 4)

T=37.78℃에서 methane(1)/n-pentane(2) 계의 기액평형 실험 데이터가 다음과 같다. Peng/Robinson 식을 이용하여 이성분계의 Pxy 그래프 작성해 보고 실험데이터와 비교해 보라. methane과 n-pentane의 상호작용 매개변수(식 2.2.16의 k_{ij})는 0.025이다.

T = 37.78℃에서 methane(1)/n-pentane(2) 계의 기액평형 실험 데이터

P [bar]	x_1	y_1	P [bar]	x_1	y_1
13.82	0.0646	0.8954	103.62	0.4152	0.9421
27.68	0.1293	0.9322	120.89	0.4782	0.9296
41.45	0.1892	0.9422	138.16	0.5509	0.9128
55.26	0.2453	0.9486	155.43	0.635	0.889
69.08	0.2965	0.9494	172.7	0.735	0.849
86.35	0.3565	0.9483			

풀이

이 문제는 보기 2-4의 확장된 문제로서 풀이방법은 기본적으로 동일하다. 다만 액상의 여러 조성에 대한 기상의 평형조성 및 압력을 계산해야하는 것과 상호작용 매개변수의 값이 주어지므로 상태방정식의 매개변수(a_{mix})가 달라지는 점이 보기 2-4와 차이가 있다. 주어진 온도에서 여러 액상 조성에 대한 계산은 보기 2-4에서 사용된 R code를 for 루프 안에서 실행시키면 된다. 실험값이 0.0646~0.735 범위의 x_1에 대해 주어져 있으므로 이 범위 내의 x_1에 대한 평형압력 및 기상조성을 R 프로그램을 이용하여 계산해보자.

```
require(rootSolve)
# Antoine 식의 매개변수(순서대로 methane, n-pentane)
An=c(8.6041, 9.2131)
Bn=c(897.84,2477.07)
Cn=c(-7.16,-39.94)

# 임계온도, 임계압력, 이심인자(순서대로 methane, n-pentane)
Tc=c(190.6,469.6) # K
Pc=c(46,33.74) # bar
w=c(0.008,0.251)

# 상호작용 매개변수(식 2.2.16 k_ij)
k=0.025

# PR식의 매개변수 계산함수 정의
# 상호작용 매개변수로 인해 보기 2-4와는 달라진 부분(밑줄부분)에 주의하자.
```

```
Am=function(x) {
  ak=c(1,1-k)*at
  am=at[1]*x[1]^2+2*sqrt(at[1]*at[2])*(1-k)*x[1]*x[2]+at[2]*x[2]^2
  return(am*P/(R*TK)^2)
}

Bm=function(x) {
  bm=sum(x*b)
  return(bm*P/(R*TK))
}
Aijs=function(x) {
  aij=c(at[1]*x[1]+sqrt(at[1]*at[2])*(1-k)*x[2],at[2]*x[2]+sqrt(at[1]*at[2])*(1-k)*x[1])
  return(aij*P/(R*TK)^2)
}

ka_PR=function(w) 0.37464+1.54226*w-0.26992*w^2
al_PR=function(Tr) (1+ka_PR(w)*(1-sqrt(Tr)))^2
Z_PR=function(Z) Z^3-(1-B)*Z^2+(A-3*B^2-2*B)*Z-(A*B-B^2-B^3)
fuga_c=function(Z,x) {
  InfugaC=Bi/B*(Z-1)-log(Z-B)-A/(sqrt(8)*B)*(2*Aijs(x)/A-Bi/B)*
    log((Z+(1+sqrt(2))*B)/(Z+(1-sqrt(2))*B))
  return(exp(InfugaC))
}

#
psi=0.45727
om=0.0778
TK=37.78+273.15
R=83.14 # bar cm^3/mol K
Tr=TK/Tc
ac=psi*(R*Tc)^2/Pc
at=ac*al_PR(Tr)
b=om*R*Tc/Pc
Psat=exp(An-Bn/(TK+Cn))

# 평형압력과 기상조성이 계산될 액상의 조성범위(0.06, 0.08, … , 0.70, 0.72)
x1=seq(0.06,0.72,0.02)

PE=numeric(length(x1)) # 평형압력이 저장될 변수의 초기화
y1=numeric(length(x1)) # 평형기상 조성이 저장될 변수의 초기화

for (i in 1:length(x1)) { # 반복계산을 위한 for 루프 사용
```

```
x=c(x1[i],1-x1[i])
P0=sum(x*Psat)
y0=(x*Psat)/P0
P=P0; y=y0
repeat{ # 주어진 x_1에 대하여 평형압력과 기상조성을 계산을 위한 repeat 루프의 시작
  Pr=P/Pc
  Bi=b*P/(R*TK)

 # 액상의 매개변수 계산
  A=Am(x)
  B=Bm(x)
  Zval=multiroot(Z_PR,c(0,1))$root
  fugaC_L=fuga_c(Zval[1],x) # 액상의 휘산도 계수 계산

 # 기상의 매개변수 계산
  A=Am(y)
  B=Bm(y)
  Zval=multiroot(Z_PR,c(0,1))$root
  fugaC_V=fuga_c(Zval[2],y)  # 기상의 휘산도 계수 계산

 # 액상과 기상의 휘산도 계수를 이용한 기상의 조성계산
  y=x*fugaC_L/fugaC_V

  if(abs(sum(y)-1)<1e-4) break  # Σ_i y_i ≃ 1이면 repeat 구문을 빠져나감
  else {
    P=P*sum(y)
  }
 } # repeat 루프의 마지막

PE[i]=P
y1[i]=y[1]
}# for 루프의 마지막

VLEpr=cbind(PE,x1,y1)
VLEpr
            PE   x1        y1  # 순서대로 평형압력 (bar), 액상조성, 기상조성
 [1,]  13.19897 0.06 0.8998315
 [2,]  17.36375 0.08 0.9188059
 [3,]  21.59215 0.10 0.9302974
 [4,]  25.88402 0.12 0.9380662
 [5,]  30.24453 0.14 0.9430578
```

```
 [6,]  34.67108 0.16 0.9467354
 [7,]  39.16085 0.18 0.9493918
 [8,]  43.72091 0.20 0.9512630
 [9,]  48.34490 0.22 0.9525849
[10,]  53.03976 0.24 0.9534047
[11,]  57.80328 0.26 0.9538266
[12,]  62.62777 0.28 0.9539625
[13,]  67.52419 0.30 0.9537541
[14,]  72.47973 0.32 0.9533102
[15,]  77.50434 0.34 0.9525686
[16,]  82.58357 0.36 0.9516089
[17,]  87.72743 0.38 0.9503633
[18,]  92.91791 0.40 0.9488967
[19,]  98.16650 0.42 0.9471308
[20,] 103.44891 0.44 0.9451259
[21,] 108.76781 0.46 0.9428254
[22,] 114.11419 0.48 0.9402101
[23,] 119.47748 0.50 0.9372550
[24,] 124.84529 0.52 0.9339292
[25,] 130.20323 0.54 0.9301944
[26,] 135.52052 0.56 0.9260377
[27,] 140.78865 0.58 0.9213754
[28,] 145.98311 0.60 0.9161414
[29,] 151.06185 0.62 0.9102886
[30,] 155.99139 0.64 0.9037147
[31,] 160.73525 0.66 0.8962605
[32,] 165.24154 0.68 0.8876971
[33,] 169.43221 0.70 0.8776373
[34,] 173.16635 0.72 0.8582593

# 실험 데이터
dat=data.frame(P=c(13.82, 27.68, 41.45, 55.26,
                   69.08, 86.35, 103.62, 120.89, 138.16, 155.43,172.7),
               x1=c(0.0646, 0.1293, 0.1892, 0.2453, 0.2965, 0.3565, 0.4152,
                    0.4782, 0.5509, 0.635, 0.735),
               y1=c(0.8954, 0.9322, 0.9422, 0.9486, 0.9494, 0.9483, 0.9421,
                    0.9296, 0.9128, 0.889, 0.849))

x11()   # 그림 2.2를 위한 X 윈도우 창 열기
plot(x1,PE,type="l", xlim=c(0,1),ylim=c(0,200),
```

```
        xlab=expression(paste(x[1],", ",y[1],sep="")),ylab="P [bar]",lty=1)
par(new=TRUE)
plot(y1,PE,type="l",xlim=c(0,1),ylim=c(0,200),xlab="",ylab="",lty=2)
par(new=TRUE)
plot(dat$x1,dat$P,xlim=c(0,1),ylim=c(0,200),xlab="",ylab="",pch=1)
par(new=TRUE)
plot(dat$y1,dat$P,xlim=c(0,1),ylim=c(0,200),xlab="",ylab="",pch=2)
text(0.35,100,expression(x[1]))
text(0.9,100,expression(y[1]))
grid( )
```

그림 2.2에서 보듯이 상호작용 매개변수를 추가함으로써 상태식은 실험값에 대한 좋은 근사치를 제시함을 알 수 있다. 이와 같이 상태방정식은 계가 비교적 복잡하지 않은 단순계일 때 고압의 기액평형 거동을 상당한 정확성으로 예측할 수 있는 장점이 있다.

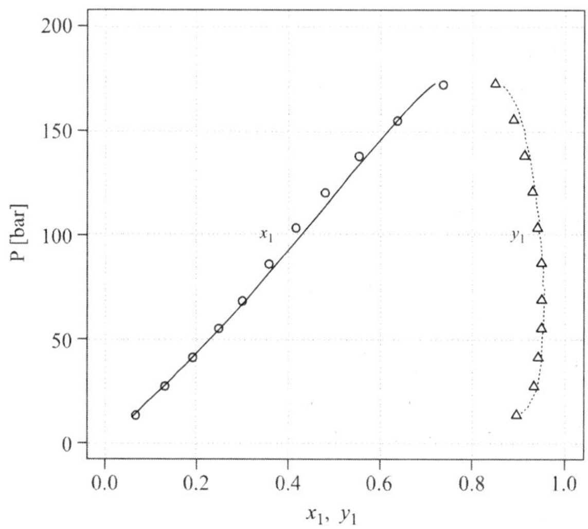

그림 2.2 T=37.78℃에서 methane(1)/n-pentane(2) 계의 기액평형 조성. PR 상태식에 의해 추정된 액상의 조성 (실선)과 기상의 조성(점선). 실험 데이터는 빈 원과 빈 삼각형으로 나타내었다.

4) Koretsky, M.D. Engineering and chemical engineering thermodynamics. 2nd ed. (Wiley, 2013). p. 509. Example 8.17.

보기 2-6 **비리얼 상태식을 이용한 성분 휘산도 계수 계산**

$N_2(1)/CH_4(2)$의 이성분계가 200 K, 30 bar의 상태에 있다. 질소의 몰분율이 40%일 때 다음의 비리얼 계수의 자료를 이용하여 각 성분의 휘산도 계수를 계산하여라.

$B_{11} = -35.2$, $B_{22} = -105.0$, $B_{12} = -59.8\ \mathrm{cm^3/mol}$

풀이 비리얼 상태식으로부터 휘산도 계수는 다음과 같이 계산된다.

$$\ln \hat{\phi}_i = \frac{2P}{ZRT}\sum_j y_j B_{ij} - \ln Z \tag{2.2.29}$$

위의 식에서 압축인자는 혼합물에 대한 압축인자의 값으로서 다음의 식을 통해 계산될 수 있다.

$$Z = \frac{1}{2}\left(1 + \sqrt{1 + \frac{4B_{mix}P}{RT}}\right) \tag{2.2.30}$$

이성분계에 대해 B_{mix}는 다음과 같이 주어진다.

$$B_{mix} = \sum_i^2 \sum_j^2 y_i y_j B_{ij}$$

주어진 비리얼 계수를 위의 식에 대입하면 B_{mix}를 계산할 수 있다. R 프로그램을 이용하여 문제를 풀어보자.

```
P=30 # bar
TK=200 # K
R=83.14  # bar cm^3/mol K
y=c(0.4,0.6) # 혼합물의 조성(순서대로 y1, y2)
B=matrix(c(-35.2,-59.8,-59.8,-105.0),ncol=2,byrow=TRUE)
B
      [,1]   [,2]
[1,] -35.2  -59.8
[2,] -59.8 -105.0

# Bmix의 계산
Bm=t(y)%*%B%*%y
Bm
         [,1]
[1,] -72.136

# 혼합물의 압축인자 Zmix 계산
Zm=(1+sqrt(1+4*Bm*P/(R*TK)))/2
```

```
Zm
          [,1]
[1,] 0.8461983
```

$\sum_j y_j B_{ij}$ 계산 함수정의

```
Bijs=function(y) {
  bij=B%*%y
  return(as.vector(bij))
}

fugaC_B=exp(2*P/(Zm*R*TK)*Bijs(y)-log(Zm))
fugaC_B
[1] 0.9550051 0.8157527    # 휘산도 계수(순서대로 질소, 메탄)
```

위의 계산을 통해 질소와 메탄의 휘산도 계수는 각각 0.955, 0.816으로 계산되었다. 혼합물에서 성분 휘산도 계수는 온도와 압력뿐만 아니라 조성에도 의존함을 주의하자.

CHAPTER 3

활동도와 활동도 계수

비교적 성격이 비슷하고 단순한 분자들로 구성된 혼합물에서 성분의 휘산도는 상태방정식을 통해 적절히 추정될 수 있다. 예를 들면, 가벼운 탄화수소의 혼합물을 다루는 석유 및 천연가스 산업에서 상태방정식은 기상 및 액상의 성질들을 예측하기 위해 흔히 사용된다. 하지만 물, 알코올, 유기산 등의 혼합물에 포함된 수소결합이나 화학적으로 성질이 상이한 분자들의 혼합물에서는 상태방정식을 적용하기가 곤란하다. 비이상성이 큰 액상 혼합물의 성질들은 활동도 계수나 깁스 자유 에너지 모델들을 사용하여 추정된다. 용액의 비이상성을 다루기 전에 이상용액의 성질을 살펴보기로 하자.

3.1 이상용액

분자 수준에서 성분들이 균일하게 분산된 혼합물을 용액이라고 하며, 기체나 액체 및 고체일 수도 있다. 순수한 물질로 이루어진 용액과 같이 다음의 두 성질을 만족하는 용액을 이상용액이라고 한다.

- 혼합된 성분들의 분자 크기와 모양이 동일하다.
- 혼합된 성분들의 분자 간 상호 작용 에너지가 동일하다.

유사한 크기와 모양을 가지면서 상호 작용 에너지가 유사한 성분들로 구성된 용액은 이상용액에 가깝다. 예를 들면 벤젠과 톨루엔, n-헥산과 n-헵탄의 2 성분계는 이상용액과 유사한 거동을 보인다. 이상기체의 경우, 분자 자체의 부피와 분자 간 상호 작용에너지가 없기 때문에 이상기체는 이상용액의 특수한 경우라고 할 수 있다. 이상용액의 이러한 특성을 열역학적으로 해석하면 다음과 같이 나타낼 수 있다.

$$V^{id} = \sum_i x_i V_i \tag{3.1.1}$$

$$U^{id} = \sum_i x_i U_i \tag{3.1.2}$$

여기에서 위첨자 id는 이상용액(ideal solution)을 의미하며, V_i, U_i, x_i는 각각 순수한 성분 i의 몰부피, 몰 내부에너지, 몰분율을 나타낸다. 식 3.1.1과 3.1.2를 바탕으로 이상용액의 다른 열역학적 성질들은 다음과 같이 나타낼 수 있다.

$$H^{id} = \sum_i x_i H_i \tag{3.1.3}$$

$$S^{id} = \sum_i x_i S_i - R\sum_i x_i \ln x_i \tag{3.1.4}$$

$$G^{id} = \sum_i x_i G_i + RT\sum_i x_i \ln x_i \tag{3.1.5}$$

식 3.1.1~3.1.5에서 보는 바와 같이 이상용액의 성질들은 조성과 순수성분들의 성질들로부터 계산될 수 있음을 알 수 있다. 하지만, 크기와 상호작용이 다른 분자들로 혼합된 용액의 경우에는 식 3.1.1~3.1.5를 적용할 수가 없다. 예를 들어, 1-propanol(1)/1-hexene(2)의 이성분계에서 혼합물의 몰부피 V는 식 3.1.1에 의해 계산된 값과 차이가 있음을 다음 표 3.1에서 볼 수 있다.

즉, 1-propanol(1)과 1-hexene(2)이 순수성분으로 존재할 때의 몰부피와 혼합물로 존재할 때의 몰부피는 다르며, 혼합을 통해 발생되는 이러한 몰부피의 변화는 조성에 의존함을 알 수 있다. 이 때 주어진 조성에서 성분 1과 2의 부분몰 부피를 각각 $\overline{V}_1$, $\overline{V}_2$라고 한다면 이 2성분계의 몰부피 V는 다음과 같이 계산될 수 있다.

$$V = x_1 \overline{V}_1 + x_2 \overline{V}_2 \tag{3.1.6}$$

여기에서 부분몰 부피는 $\overline{V}_1$, $\overline{V}_2$는 다음과 같이 정의된다.

$$\overline{V}_1 = \left[\frac{\partial(nV)}{\partial n_1}\right]_{T,P,n_2}, \quad \overline{V}_2 = \left[\frac{\partial(nV)}{\partial n_2}\right]_{T,P,n_1} \tag{3.1.7}$$

표 3.1 298.15 K에서 1-propanol(1)/1-hexene(2)계의 몰 부피 5)

몰분율(x_1)	$\sum_i^2 x_i V_i$ (cm^3/mol)	V (cm^3/mol)	$\Delta V = V - \sum_i x_i V_i$
0	0.0178	0.0178	0
0.1058	0.0181	0.1175	0.0994
0.1507	0.0183	0.1251	0.1068
0.3009	0.0187	0.0909	0.0722
0.3520	0.0189	0.0717	0.0528
0.5009	0.0193	−0.0027	−0.0220
0.6016	0.0196	−0.0501	−0.0697
0.7038	0.0199	−0.0752	−0.0951
0.8497	0.0203	−0.0747	−0.0950
0.9490	0.0206	−0.0177	−0.0383
1	0.0208	0.0208	0

따라서, $\overline{V}_1$은 온도, 압력 그리고 성분 2의 양은 일정하게 유지하면서 미소량의 성분 1을 이성분계에 첨가할 때 부피의 변화율에 해당하며, $\overline{V}_2$는 온도, 압력 그리고 성분 1의 양은 일정하게 유지하면서 미소량의 성분 2를 이성분계에 첨가할 때의 부피 변화율에 해당한다. 이성분계가 만약 이상용액이라면 식 3.1.7은 다음과 같이 된다.

$$\overline{V}_1^{id} = \left[\frac{\partial(nV^{id})}{\partial n_1}\right]_{T,P,n_2} = V_1\ ,\ \overline{V}_2^{id} = \left[\frac{\partial(nV^{id})}{\partial n_2}\right]_{T,P,n_1} = V_2 \tag{3.1.8}$$

이상용액의 경우 각 성분의 몰부피는 혼합에 의해 변하지 않기 때문에 부분몰 부피는 순수성분의 몰부피와 동일함을 알 수 있다. 여기에서 살펴본 부분몰 부피의 개념은 다른 열역적 성질에도 확장될 수 있으며, 다음과 같이 부분몰 성질이 정의된다.

$$\overline{M}_i = \left[\frac{\partial(nM)}{\partial n_i}\right]_{P,T,n_j} \tag{3.1.9}$$

여기에서 M은 혼합물(용액)의 몰 부피, 몰 엔탈피, 몰 엔트로피, 몰 깁스 에너지 등

5) Dahm, K.D. and D.P. Visco Jr. Fundamentals of chemical engineering thermodynamics. (Cemgage Learning, 2015). p. 426. Table P9-29.

과 같은 열역학적 성질이며, n은 혼합물의 총 몰수, nM은 혼합물의 총 성질이 된다. n_i는 성분 i의 몰수에 해당하며 j는 i성분을 제외한 나머지 성분을 나타낸다. 따라서, 부분몰 성질은, 일정한 온도(T)와 압력(P)에서 일정량의 혼합물에 미분량의 성분 i를 첨가함에 의한 혼합물의 총성질 nM이 보이는 변화율에 해당한다. 식 3.1.9를 적용하여 이상용액의 부분몰 성질들을 계산하면 다음과 같다.

$$\overline{V}_i^{id} = V_i \tag{3.1.10}$$

$$\overline{U}_i^{id} = U_i \tag{3.1.11}$$

$$\overline{H}_i^{id} = H_i \tag{3.1.12}$$

$$\overline{S}_i^{id} = S_i - R\ln x_i \tag{3.1.13}$$

$$\overline{G}_i^{id} = G_i + RT\ln x_i \tag{3.1.14}$$

부분몰 성질로부터 혼합물의 몰성질은 다음과 같이 계산된다.

$$M = \sum_i x_i \overline{M}_i, \quad nM = \sum_i n_i \overline{M}_i \tag{3.1.15}$$

보기 3-1 **이상용액에서 몰 깁스 에너지로부터 부분몰 깁스 에너지 계산**

이성분계에 대해 식 3.1.5로부터 식 3.1.14를 유도하여라.

풀이 이성분계에 대해 식 3.1.5는 다음과 같다.

$$G^{id} = x_1 G_1 + x_2 G_2 + RT(x_1 \ln x_1 + x_2 \ln x_2)$$

따라서, 위의 식으로부터 식 3.1.9에 따라 성분 1에 대한 부분몰 깁스 에너지를 구해보자. 편미분은 일정 온도와 압력에서 이루어지며 식의 간략성을 위해 아래첨자 T, P를 생략하기로 한다.

$$\frac{\partial}{\partial n_1}\left[nG^{id}\right]_{n_2} = \frac{\partial}{\partial n_1}\left[n_1 G_1 + n_2 G_2 + RT\left(n_1 \ln\frac{n_1}{n} + n_2 \ln\frac{n_2}{n}\right)\right]_{n_2}$$

$$= G_1 + RT\left[\ln\frac{n_1}{n} + n_1\frac{1}{(n_1/n)}\left(\frac{1}{n} - \frac{n_1}{n^2}\right) + n_2\frac{1}{(n_2/n)}\left(-\frac{n_2}{n^2}\right)\right]$$

$$= G_1 + RT\ln x_1$$

여기에서 G_1, G_2는 순수성분의 몰 깁스 자유 에너지로서 온도와 압력이 일정하므로 일정한 값을 가지게 되어 상수로 취급되었다. 같은 방법으로 성분 2에 대한 부분몰 깁스 에너지는 다음과 같다.

$$\frac{\partial}{\partial n_2}\left[nG^{id}\right]_{n_1} = \frac{\partial}{\partial n_2}\left[n_1 G_1 + n_2 G_2 + RT\left(n_1 \ln\frac{n_1}{n} + n_2 \ln\frac{n_2}{n}\right)\right]_{n_1}$$

$$= G_2 + RT\ln x_2$$

3.2 과잉성질

이상용액과 달리, 크기나 상호작용 에너지가 다른 물질들이 혼합될 때 열역학적 성질에 변화가 일어난다. 이러한 성질의 변화를 기술하기 위해 다음과 같이 과잉성질을 정의한다.

$$M^E \equiv M - M^{id} \tag{3.2.1}$$

여기에서 M은 실제 용액의 열역학적 성질(몰부피, 몰 내부 에너지, 몰 엔탈피, 몰 엔트로피, 몰 깁스 에너지 등)을 나타내며, M^{id}는 이상용액의 열역학적 성질에 해당한다. 따라서, 과잉성질 M^E는 실제 용액의 몰 성질과 같은 온도, 같은 압력 및 같은 조성에서 이상용액으로 존재할 때 가지게 되는 몰 성질의 차이에 해당한다. 이상용액의 몰성질은 식 3.1.1～3.1.5에서 보는 바와 같이 용액을 이루고 있는 각 성분의 몰분율과 각 성분의 순수한 용액상태의 몰성질로부터 쉽게 계산될 수 있다. 따라서, 과잉물성만 적절히 계산될 수 있다면 실제용액의 물성은 과잉물성과 이상용액의 물성의 합으로부터 쉽게 구해진다. 혼합물의 부피, 내부 에너지, 엔탈피, 엔트로피, 깁스 에너지에 대한 과잉 몰성질을 계산해 보면 다음과 같다.

$$V^E = V - V^{id} = \sum_i x_i \overline{V}_i - \sum_i x_i \overline{V}_i^{\,id} = \sum_i x_i \overline{V}_i - \sum_i x_i V_i = \Delta V_{mix} \tag{3.2.2}$$

$$U^E = U - U^{id} = \sum_i x_i \overline{U}_i - \sum_i x_i \overline{U}_i^{\,id} = \sum_i x_i \overline{U}_i - \sum_i x_i U_i = \Delta U_{mix} \tag{3.2.3}$$

$$H^E = H - H^{id} = \sum_i x_i \overline{H}_i - \sum_i x_i \overline{H}_i^{\ id} = \sum_i x_i \overline{H}_i - \sum_i x_i H_i = \Delta H_{mix} \tag{3.2.4}$$

$$S^E = S - S^{id} = \sum_i x_i \overline{S}_i - \sum_i x_i \overline{S}_i^{\ id} = \sum_i x_i \overline{S}_i - \sum_i x_i (S_i - R\ln x_i) \tag{3.2.5}$$

$$G^E = G - G^{id} = \sum_i x_i \overline{G}_i - \sum_i x_i \overline{G}_i^{\ id} = \sum_i x_i \overline{G}_i - \sum_i x_i (G_i + RT\ln x_i) \tag{3.2.6}$$

여기에서 ΔV_{mix}, ΔU_{mix}, ΔH_{mix}는 각각 혼합(섞음)의 결과로서 나타난 몰부피, 몰 내부에너지, 몰 엔탈피의 변화를 나타낸다. 식 3.2.2~3.2.4에서 보듯이 혼합물에서 몰부피, 몰 내부 에너지, 몰 엔탈피의 과잉성질은 혼합과정의 결과로서 나타난 몰성질의 변화와 동일하다. 따라서, 이들 과잉성질들은 혼합전후의 몰부피, 몰 내부에너지, 몰 엔탈피 변화를 측정함으로써 계산될 수 있다. 하지만 과잉 엔트로피, 과잉 깁스 에너지는 이와 같은 단순한 방법으로 측정될 수 없다.

깁스 에너지가 온도와 압력의 함수로 주어진 경우, 다른 열역학적 성질들(부피, 엔탈피, 엔트로피 등)이 유도될 수 있기 때문에 깁스 에너지는 생성함수(generating function)로서의 역할을 한다. 이러한 깁스 에너지의 역할은 과잉성질에서도 그대로 적용되기 때문에 과잉 몰 깁스에너지의 계산방법을 살펴보기로 하자. 식 3.1.9를 따르면 과잉 깁스 자유 에너지의 부분몰 성질은 다음과 같이 정의된다.

$$\overline{G}_i^E = \left[\frac{\partial (nG^E)}{\partial n_i}\right]_{P,\,T,\,n_j} = \mu_i^E \tag{3.2.7}$$

부분몰 과잉 깁스 에너지는 과잉 화학 포텐셜과 동일하므로

$$\overline{G}_i^E(T,P,x) = \mu_i^E(T,P,x) = \mu_i(T,P,x) - \mu_i^{id}(T,P,x) \tag{3.2.8}$$

이 된다. 식 1.3.10으로부터 일정온도에서 화학 포텐셜의 미소변화는 다음과 같이 주어진다.

$$d\mu_i = RT d\ln \hat{f}_i \tag{3.2.9}$$

일정한 온도와 압력의 조건에서 식 3.2.9를 순수성분($x_i = 1$)에서 혼합물에서의 조성 x_i까지 적분하면

$$\int_{\mu_i(T,P)}^{\mu_i(T,P,x)} d\mu_i = RT \int_{\ln f_i(T,P)}^{\ln \hat{f}_i(T,P,x)} d\ln \hat{f}_i \tag{3.2.10}$$

이 되며, 다음과 같이 나타낼 수도 있다.

$$\mu_i(T,P,x) - \mu_i(T,P) = RT\ln \hat{f}_i(T,P,x) - RT\ln f_i(T,P) \tag{3.2.11}$$

여기에서 $\mu_i(T,P)$와 $f_i(T,P)$는 각각 $x_i = 1$일 때, 즉 순수성분 i의 화학 포텐셜과 휘산도를 나타낸다. 식 3.2.11을 혼합물에서의 성분 i의 화학 포텐셜에 대해 정리하면

$$\mu_i(T,P,x) = \mu_i(T,P) + RT\ln\left[\frac{\hat{f}_i(T,P,x)}{f_i(T,P)}\right] \tag{3.2.12}$$

이 된다. 식 3.2.12에서 우변의 괄호 안 부분은 혼합물에서의 성분 휘산도와 혼합물과 동일한 온도, 압력에서의 순수성분의 휘산도에 대한 비로서 활동도라고 불린다. 활동도는 기준상태의 정의에 따라 달라질 수 있는데 여기서는 혼합물과 동일한 온도, 압력에서의 순수성분을 기준 상태로 정의한 경우라고 할 수 있다. 만약 기준상태를 Lewis−Randall 법칙이 성립하는 이상용액이라고 하면$\left(\hat{f}_i^{id}(T,P,x) = x_i f_i(T,P)\right)$ 식 3.2.12는 다음과 같이 나타낼 수 있다.

$$\mu_i(T,P,x) = \mu_i(T,P)^{id} + RT\ln\left[\frac{\hat{f}_i(T,P,x)}{x_i f_i(T,P)}\right] \tag{3.2.13}$$

식 3.2.12와 3.2.13은 혼합물에서 성분 i에 대한 화학 포텐셜을 기준상태만을 다르게 선택하여 나타내었을 뿐이다. 식 3.2.13에서 우변의 대괄호 안에 나타난 부분을 활동도 계수 γ_i라고 부른다. 따라서, 활동도 계수는 혼합물에서의 성분 휘산도와 이상용액(Lewis−Randall)에서의 성분 휘산도의 비라고 할 수 있다.

$$\gamma_i(T, P, x) = \frac{\hat{f}_i(T,P,x)}{x_i f_i(T,P)} \tag{3.2.14}$$

위의 식에서 보는 바와 같이 활동도 계수는 온도, 압력, 조성에 의존한다. 하지만, 액상 혼합물의 경우 압력이 크게 높지 않다면 활동도 계수는 온도와 조성만의 함수로 나타낼 수도 있다. 식 3.2.13을 이용하여 과잉 화학 포텐셜과 활동도 계수는 다음의 관계를 가짐을 알 수 있다.

$$\mu_i(T,P,x)^E = RT\ln\gamma_i \tag{3.2.15}$$

활동도 계수의 정의에 사용되었던 방법은 혼합물의 성분 휘산도 계수의 정의에도 유사하게 적용될 수 있다. 즉, 기준상태를 이상기체로 한다면 화학 포텐셜은 다음과 같이 나타낼 수 있다.

$$\mu_i(T,P,x) = \mu_i(T,P)^{ig} + RT\ln\left[\frac{\hat{f}_i(T,P,x)}{x_iP}\right] \tag{3.2.16}$$

식 3.2.16에서 우변의 괄호 안 부분은 혼합물에서 성분 휘산도 계수에 대한 정의와 정확히 일치한다. 따라서, 식 3.2.16은 식 2.2.2와 동일함을 알 수 있다. 활동도 계수가 과잉 화학 포텐셜로부터 계산될 수 있듯이, 휘산도 계수는 잔류 화학 포텐셜로부터 계산될 수 있다. 화학 포텐셜도 깁스 에너지, 엔탈피, 내부 에너지 등의 다른 열역학적 성질과 같이 절대 값이 아닌 기준상태에 대한 상대적인 값만을 계산할 수 있기 때문에 기준상태의 정의에 따라 실제 화학 포텐셜과 기준 상태의 화학 포텐셜의 차이는 달라질 것이다. 따라서, 이상용액을 기준상태로 선택해서 계산된 과잉 성질과 이상기체를 기준상태로 선택해서 계산된 잔류성질은 다르게 된다. 이상용액이나 이상기체가 아닌 다른 기준상태를 선택할 수도 있다. 기준 상태의 선택은 계산의 편리성에 있다.

혼합물에서 성분 휘산도는 활동도 계수(식 3.2.14)나 휘산도 계수(식 2.2.2)를 통해 나타낼 수 있다.

$$\hat{f}_i = x_i\gamma_i f_i(T,P) = \hat{\phi}_i x_i P \tag{3.2.17}$$

위의 식을 통해 활동도 계수와 휘산도 계수는 다음의 관계를 가짐을 알 수 있다.

$$\gamma_i(T,P,x) = \frac{\hat{\phi}_i(T,P,x)P}{f_i(T,P)} = \frac{\hat{\phi}_i(T,P,x)P}{\phi_i(T,P)P} = \frac{\hat{\phi}_i(T,P,x)}{\phi_i(T,P)} \tag{3.2.18}$$

즉, 활동도 계수는 혼합물의 성분 휘산도 계수와 혼합물과 동일한 온도, 압력에서의 순수 성분의 휘산도 계수의 비로 나타낼 수도 있다. 활동도 계수는 다음과 같이 과잉 깁스 에너지를 계산하는데 활용될 수도 있다.

$$G^E(T,P,x) = \sum_i x_i\overline{G}_i^E(T,P,x) = \sum_i x_i\mu_i^E(T,P,x) = RT\sum_i x_i\ln\gamma_i \tag{3.2.19}$$

(일정한 온도)

study

활동도

혼합물에서 활동도 a_i는 기준상태의 휘산도에 대한 성분 휘산도의 비로서 정의된다. 기준상태의 선택은 계산상의 편의에 있다. 기준상태를 표준상태로 취할 수도 있다. 여기에서 표준상태는 일반적으로 1 bar의 기압 하에서 계의 온도 T에서 정의되며 이때의 조성은 x_i°로 표시된다. 기체인 경우에는 순수한 이상기체를 표준상태로 사용하고 순수한 액체나 고체의 경우 1 bar에서 해당 응집상태의 물질을 표준상태로 선택한다. 압력과 조성이 고정되기 때문에 표준상태의 성질은 온도만의 함수가 된다. 따라서, 일정한 온도에서 화학 포텐셜과 활동도는 다음의 관계를 가진다.

$$\mu_i(T,P,x) = \mu_i^\circ\ (T, P = 1\,bar, x_i^\circ\ ) + RT\ln\left[\frac{\hat{f}_i(T,P,x)}{\hat{f}_i^\circ\ (T,\ P = 1\,bar, x_i^\circ\ )}\right]$$

$$\mu_i(T,P,x) = \mu_i^\circ\ (T, P = 1\,bar, x_i^\circ\ ) + RT\ln a_i$$

$$a_i = \left[\frac{\hat{f}_i(T,P,x)}{\hat{f}_i^\circ\ (T, P = 1\,bar, x_i^\circ\ )}\right] = \exp\left(\frac{\mu_i(T,P,x) - \mu_i^\circ\ (T,\ P = 1\,bar, x_i^\circ\ )}{RT}\right)$$

따라서, 혼합물에서 성분의 활동도는 기준상태의 정의에 따라 달라진다. 만약 기준상태를 계의 온도와 압력에서 순수성분으로 선택하는 경우 활동도는

$$a_i = \left[\frac{\hat{f}_i(T,P,x)}{f_i(T,P)}\right] = \exp\left(\frac{\mu_i(T,P,x) - \mu_i(T,\ P)}{RT}\right)$$

이 된다. 따라서, 3.2.12의 활동도는 계의 온도와 압력에서 순수성분을 기준상태로 선택한 것을 알 수 있다.

보기 3-2 **부분몰 부피를 이용한 혼합물의 몰부피 계산**[6)]

25℃에서 30몰% 메탄올 수용액의 부분몰 부피와 같은 온도에서의 순수한 메탄올과 순수한 물의 몰부피가 다음과 같이 주어져 있다. 25℃의 30몰% 메탄올 수용액 2,000 cm^3을 만들기 위해 필요한 25℃ 상태의 순수한 메탄올과 순수한 물의 부피는 각각 얼마인가?

메탄올(1) : $\overline{V}_1 = 38.632\ cm^3/mol,\ \ V_1 = 40.727\ cm^3/mol$

물(2) : $\overline{V}_1 = 17.765\ cm^3/mol,\ \ V_1 = 18.068\ cm^3/mol$

풀이 $x_1 = 0.3$에서의 부분몰 부피가 주어져 있으므로 이 조성에서의 (혼합물) 몰부피를 계산할 수 있다. 즉,

$$V = x_1\overline{V}_1 + x_2\overline{V}_2 = (0.3)(38.632) + (0.7)(17.765) = 24.025\ cm^3/mol$$

따라서, 30몰% 메탄올 수용액 2,000 cm^{3}에 포함된 총 몰수를 계산할 수 있다.

$$n = \frac{2000\ \text{cm}^3}{24.025\ \text{cm}^3/\text{mol}} = 83.246\ \text{mol}$$

총 몰수 가운데 30%는 메탄올의 몰수이고 70%는 물의 몰수이다. 따라서, 필요한 메탄올과 물의 부피는 다음과 같다.

$$\text{메탄올}: V = (0.3)(83.246)(40.727) = 1{,}017\ \text{cm}^3/\text{mol}$$

$$\text{물}: V = (0.7)(83.246)(18.068) = 1{,}053\ \text{cm}^3/\text{mol}$$

3.3 몰성질로부터 부분몰 성질의 계산

부분몰 성질은 용액의 성질로부터 계산될 수 있다. 용액의 성질이 nM, 즉 용액 전체의 성질로 주어질 경우에는 식 3.1.9를 이용하여 부분몰 성질을 계산하면 된다. 만약 용액의 성질이 nM이 아니라 M, 즉 몰 성질로 주어지는 경우에는 다음과 같이 두 가지 형태의 함수를 고려해 볼 수 있다.

$$M = f(T, P, n_1, n_2, \cdots, n_n) \tag{3.3.1}$$

$$M = f(T, P, x_1, x_2, \cdots, x_{i-1}, x_{i+1}, \cdots, x_n) \tag{3.3.2}$$

식 3.3.1은 용액의 몰성질이 온도와 압력 그리고 각 성분의 몰수의 함수로 주어진 경우이고, 식 3.3.2는 각 성분의 몰수 대신에 몰분율이 주어진 경우이다. 식 3.3.2에서 i성분에 대한 몰 분율 x_i가 빠져있는 것은, x_i를 제외한 $n-1$개의 몰 분율이 주어지면 x_i는 다음 식에 의해 결정되기 때문이다.

$$x_i = 1 - \sum_{j \neq i} x_j \tag{3.3.3}$$

6) Smith, J.M., H.C. Van Ness and M.M. Abbott, Introduction to chemical engineering thermodynamics, 7th ed. (Boston: McGraw-Hill, 2005). p. 388. Eaxample 11.3.

여기에서 $j \neq i$는 x_i가 제외됨을 나타낸다. 성분 i에 대한 부분몰 성질은 다음과 같이 나타낼 수 있다.

$$\overline{M}_i = \left[\frac{\partial(nM)}{\partial n_i}\right]_{T,P,n_{j\neq i}} \tag{3.3.4}$$

$$= M\left(\frac{\partial n}{\partial n_i}\right)_{T,P,n_{j\neq i}} + n\left(\frac{\partial M}{\partial n_i}\right)_{T,P,n_{j\neq i}}$$

$$= M + n\left(\frac{\partial M}{\partial n_i}\right)_{T,P,n_{j\neq i}}$$

여기에서 $\partial n/\partial n_i = \partial(n_1 + n_2 + \cdots + n_i + \cdots + n_n)/\partial n_i = 1$이 이용되었다. 식 3.3.4는 용액의 몰성질과 각 성분의 몰수가 주어진 경우 부분몰 성질을 계산하는 식이 된다. 한편, 용액의 몰성질이 온도, 압력 및 몰분율의 함수로 주어진 식 3.3.2로부터 부분몰 성질을 계산하는 방법을 생각해 보자. 일정한 온도와 압력에서 식 3.3.2의 몰분율에 대한 전미분은 다음과 같다.

$$dM = \sum_{k\neq i}\left(\frac{\partial M}{\partial x_k}\right)_{T,P,x_{j\neq k,i}} dx_k \tag{3.3.5}$$

여기에서 $x_{j\neq k,i}$는 x_k로 미분할 때 x_k와 x_i를 제외한 나머지 몰분율 x_j를 상수로 취급한다는 의미이다.

식 3.3.5의 양변을 dn_i로 나누면

$$\left(\frac{\partial M}{\partial n_i}\right)_{T,P,n_j} = \sum_{k\neq i}\left(\frac{\partial M}{\partial x_k}\right)_{T,P,x_{j\neq k,i}}\left(\frac{\partial x_k}{\partial n_i}\right)_{n_j} \tag{3.3.6}$$

이 된다. 여기에서 $x_k = n_k/n$이므로

$$\left(\frac{\partial x_k}{\partial n_i}\right)_{n_j} = \frac{\partial}{\partial n_i}\left(\frac{n_k}{n}\right)_{n_j} = \left(\frac{\partial n_k}{\partial n_i}\right)_{n_j}\left(\frac{1}{n}\right) - \frac{n_k}{n^2} = \frac{1}{n}\left[\delta_{ki} - x_k\right] \tag{3.3.7}$$

여기에서 δ_{ki}는 크로네커 델타(Kronecker delta)로서 $k = i$이면 1, $k \neq i$이면 0이 된다.

식 3.3.7을 식 3.3.6에 대입하면

$$\left(\frac{\partial M}{\partial n_i}\right)_{T,P,n_j} = \sum_{k \neq i}\left(\frac{\partial M}{\partial x_k}\right)_{T,P,x_{j \neq k,i}} \frac{1}{n}(\delta_{ki} - x_k) \tag{3.3.8}$$

$$= -\frac{1}{n}\sum_{k \neq i} x_k \left(\frac{\partial M}{\partial x_k}\right)_{T,P,x_{j \neq k,i}}$$

이 된다. 여기에서 δ_{ki}는 $k \neq i$에 의해 0이 되었다. 식 3.3.8의 결과를 식 3.3.4에 대입하면 다음과 같다.

$$\overline{M}_i = M + n\left[-\frac{1}{n}\sum_{k \neq i} x_k \left(\frac{\partial M}{\partial x_k}\right)_{T,P,x_{j \neq k,i}}\right] \tag{3.3.9}$$

$$= M - \sum_{k \neq i} x_k \left(\frac{\partial M}{\partial x_k}\right)_{T,P,x_{j \neq k,i}}$$

식 3.3.9를 이성분계에 적용하면 아래와 같이 간단히 나타난다.

$$\overline{M}_1 = M - x_2\left(\frac{\partial M}{\partial x_2}\right)_{T,P} = M + x_2\left(\frac{\partial M}{\partial x_1}\right)_{T,P} \tag{3.3.10}$$

$$\overline{M}_2 = M - x_1\left(\frac{\partial M}{\partial x_1}\right)_{T,P} \tag{3.3.11}$$

몰성질이 온도, 압력, 몰분율의 함수로 주어질 때 식 3.3.2에서와 같이 x_i가 소거된 경우, $\overline{M}_i$의 계산은 식 3.3.9를 이용할 수 있다. 따라서, $\overline{M}_k$를 구하기 위해서는 x_k가 소거된 몰성질 함수 $M = f(T,\ P,\ x_1,\ x_2,\ \cdots,\ x_{k-1},\ x_{k+1},\ \cdots,\ x_n)$가 필요하다. 하지만, 다음 식을 이용하면 x_i가 소거된 몰성질(식 3.3.2)로부터도 $\overline{M}_k$를 계산할 수 있다.

$$\left(\frac{\partial M}{\partial x_k}\right)_{T,P,x_{j \neq i,k}} = \overline{M}_k - \overline{M}_i \tag{3.3.12}$$

위의 식을 식 3.3.9에 대입하여 $\overline{M}_k$를 계산하면

$$\overline{M}_k = M + \left(\frac{\partial M}{\partial x_k}\right)_{T,P,x_{j \neq i,k}} - \sum_{k \neq i} x_k \left(\frac{\partial M}{\partial x_k}\right)_{T,P,x_{j \neq i,k}} \tag{3.3.13}$$

이 된다. 삼성분계에서 부분몰 성질을 계산할 때 몰성질이 $M(T,\ P,\ x_1,\ x_3)$와 같이

주어졌을 경우, $\overline{M}_2$를 계산할 때는 식 3.3.9를 이용할 수 있다.

$$\overline{M}_2 = M - x_1\left(\frac{\partial M}{\partial x_1}\right)_{T,P,x_3} - x_3\left(\frac{\partial M}{\partial x_3}\right)_{T,P,x_1} \tag{3.3.14}$$

하지만, 삼성분계의 몰성질이 $M(T,\ P,\ x_2,\ x_3)$와 같이 주어졌을 경우에 $\overline{M}_2$는 식 3.3.13을 이용하여 다음과 같이 계산한다.

$$\overline{M}_2 = M + \left(\frac{\partial M}{\partial x_2}\right)_{T,P,x_3} - x_2\left(\frac{\partial M}{\partial x_2}\right)_{T,P,x_3} - x_3\left(\frac{\partial M}{\partial x_3}\right)_{T,P,x_2} \tag{3.3.15}$$

보기 3-3 **몰성질로부터 부분몰 성질 계산**[7)]

고정된 온도와 압력에서 성분 1과 2로 구성된 이성분계 액상계의 몰엔탈피가 다음과 같이 주어진다.

$$H = 400x_1 + 600x_2 + x_1x_2(40x_1 + 20x_2)$$

여기에서 H의 단위는 J/mol이다. $\overline{H}_1$, $\overline{H}_2$를 x_1의 함수로 결정하고 그래프로 나타내고, 순수성분의 엔탈피 H_1과 H_2 및 무한희석 상태에서의 부분몰 엔탈피 $\overline{H}_1^{\infty}$, $\overline{H}_2^{\infty}$를 구하여라.

풀이 주어진 몰엔탈피 식에서 x_2를 $1-x_1$으로 치환한 후 정리하고 x_1에 대해 미분하면

$$H = 600 - 180x_1 - 20x_1^3 \tag{A}$$

$$\frac{dH}{dx_1} = -180 - 60x_1^2$$

이 된다. 식 (A)에 $x_1 = 0$을 대입하면 성분 2의 몰엔탈피가 되며 $x_1 = 1$을 대입하면 성분 2의 몰엔탈피가 된다. 따라서, 순수성분의 엔탈피는 다음과 같다.

$$H_1 = 400,\ H_2 = 600\ \mathrm{J/mol}$$

또한, 3.3.10과 3.3.11에 의해

$$\overline{H}_1 = H + x_2\frac{dH}{dx_1} = 420 - 60x_1^2 + 40x_1^3 \tag{B}$$

$$\overline{H}_2 = H - x_1\frac{dH}{dx_1} = 600 + 40x_1^3 \tag{C}$$

이 된다. 또한, 식 (B)에서 $x_1 = 0$일 때의 값이 $\overline{H}_1^{\infty}$에 해당하고, 식 (C)에서 $x_1 = 1$일 때

의 값이 $\overline{H}_2^\infty$에 해당하므로

$$\overline{H}_1^\infty = 420\,,\ \overline{H}_2^\infty = 640\ \mathrm{J/mol}$$

조성(x_1)에 대한 부분몰 엔탈피의 그래프를 그리기 위해 R 프로그램을 이용해보자.

```
require(PolynomF) # 다항식 생성함수 polynom( )가 들어있는 R 패키지 로딩
x = polynom( ) # x에 대한 다항식 생성함수, 여기서 x는 x1을 나타냄
H=400*x+600*(1-x)+x*(1-x)*(40*x+20*(1-x)) # 문제에서 주어진 식, 1-x=x2임
dH=deriv(H,"x")  # H를 x에 대한 미분
dH
-180 - 60*x^2
```

```
H1=H+(1-x)*dH # 식 (B)
H1
420 - 60*x^2 + 40*x^3  # 식 (C)
```

```
H2=H-x*dH
H2
600 + 40*x^3
```

```
x11( )
curve(H,0,1, ylim=c(400,650), xlab=expression(x[1]),
                    ylab="J/mol", lty=1) # H vs x 그래프
par(new=TRUE) # 겹쳐 그리기 옵션
curve(H1,0,1,ylim=c(400,650), xlab="", ylab="", lty=2) # H1 vs x
par(new=TRUE) # 겹쳐 그리기 옵션
curve(H2,0,1,ylim=c(400,650), xlab="", ylab="", lty=3) # H2 vs x
text(0.2,430,bquote(bar(H)[1]))
text(0.4,540,bquote(bar(H)))
text(0.8,630,bquote(bar(H)[2]))
grid( )
```

일정한 온도와 압력에서 이성분계의 부분몰 엔탈피는 Gibbs / Duhem 식에 다음 식을 만족한다.

$$x_1 d\overline{H_1} + x_2 d\overline{H_2} = 0\,,\quad \frac{d\overline{H_2}/dx_1}{d\overline{H_1}/dx_1} = -\frac{x_1}{x_2}$$

따라서, x_1에 대한 $\overline{H}_1$, $\overline{H}_2$의 그래프에서 각 그래프의 기울기의 부호는 반대임을 알 수 있다. 이는 그림 3.1에서도 잘 나타나고 있다.

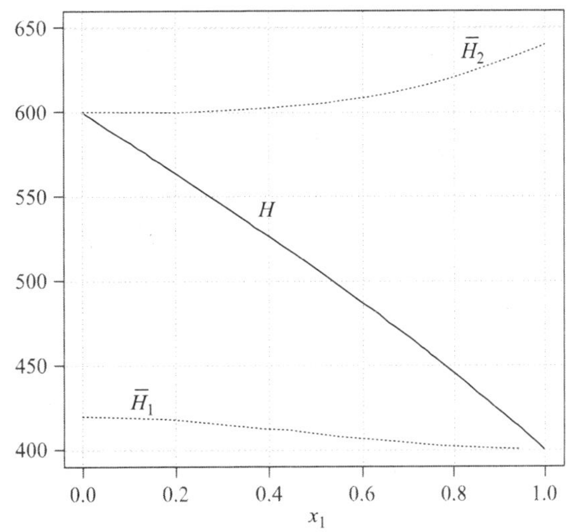

그림 3.1 조성에 따른 H, $\overline{H}_1$, $\overline{H}_2$ 의 그래프. $\overline{H}_1$ 의 그래프는 $x_1 = 1$에서 수평이 되고 $\overline{H}_2$의 그래프는 $x_1 = 0$에서 수평, 즉 $d\overline{H}_1/dx_1 = 0$이 됨을 볼 수 있다. 즉, 순수성분이 되면 부분몰 엔탈피와 몰엔탈피는 같게 된다.

보기 3-4 **과잉 몰엔탈피로부터 과잉 부분몰 엔탈피 계산**

보기 3-3의 이성분계에 대해 과잉 몰엔탈피 H^E와 이에 대한 각 성분의 과잉 부분몰 엔탈피 $\overline{H}_1^E$, $\overline{H}_2^E$를 x_1에 대한 함수로 나타내고 이들을 동일한 그래프 위에서 비교하여 보아라.

풀이 이성분계에서 과잉 몰엔탈피는 다음과 같이 주어진다.

$$H^E = H - (x_1 H_1 + x_2 H_2) \tag{A}$$

온도와 압력이 고정되어 있으므로 순수한 성분의 몰엔탈피 H_1, H_2는 고정되며, 보기 3-3에서 $H_1 = 400$, $H_2 = 600$ J/mol로 계산되었다. 따라서, 보기 3-3에서 주어진 몰엔탈피 식을 식 (A)에 대입하여 정리하면

$$H^E = 20x_1 - 20x_1^3 \tag{B}$$

위에서 과잉 몰엔탈피에 대한 식이 주어졌으므로 식 3.3.10, 3.3.11을 이용하여 각 성분의 과잉 부분몰 엔탈피는 다음과 같이 계산된다.

7) Smith, J.M., H.C. Van Ness and M.M. Abbott, Introduction to chemical engineering thermodynamics, 7th ed. (Boston: McGraw-Hill, 2005). p. 389. Example 11.4.

$$\overline{H}_1^E = H^E + (1 - x_1)\frac{dH^E}{dx_1} = 20 - 60x_1^2 + 40x_1^3 \quad \text{(C)}$$

$$\overline{H}_2^E = H^E - x_1\frac{dH^E}{dx_1} = 40x_1^3 \quad \text{(D)}$$

R 프로그램을 이용하여 x_1에 대한 H^E, $\overline{H}_1^E$, $\overline{H}_2^E$의 그래프를 그려보자.

```
require(PolynomF)
x = polynom( )
H=400*x+600*(1-x)+x*(1-x)*(40*x+20*(1-x)) #보기 3-3에서 주어진 몰엔탈피
H
600 - 180*x - 20*x^3

H1=predict(H,1) #  x1 = 1일 때의 H, 즉 H1
H1
[1] 400

H2=predict(H,0) #  x1 = 0일 때의 H, 즉 H2
H2
[1] 600

# 과잉 몰엔탈의 계산
HE=H-(x*H1+(1-x)*H2)
HE
20*x - 20*x^3

# dH^E/dx1의 계산
dHE=deriv(HE,"x")
dHE
20 - 60*x^2

# 과잉 몰엔탈피의 부분몰 성질 계산(식 C, D 참조)
HE1=HE+(1-x)*dHE
HE1
20 - 60*x^2 + 40*x^3

HE2=HE-x*dHE
HE2
40*x^3

x11( )
```

```
curve(HE,0,1, ylim=c(0,40),xlab=expression(x[1]),ylab="J/mol",lty=1)
par(new=TRUE)
curve(HE1,0,1,ylim=c(0,40),xlab="", ylab="",lty=2)
par(new=TRUE)
curve(HE2,0,1,ylim=c(0,40),xlab="",ylab="",lty=3)
text(0.2,20,bquote(bar(H)[1]^E))
text(0.2,6,bquote(bar(H)^E))
text(0.85,30,bquote(bar(H)[2]^E))
grid( )
```

그림 3.2에서 보는 바와 같이 $\overline{H}_1^E$와 $\overline{H}_2^E$의 그래프에서 각 조성에서 기울기는 항상 서로 반대임을 알 수 있다. 이것은 조성과 부분몰 성질의 관계를 나타낸 식 3.3.12의 Gibbs / Duhem 식과 잘 일치한다.

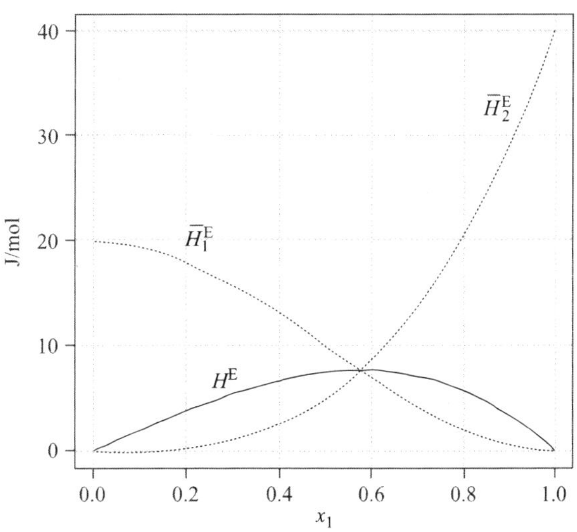

그림 3.2 조성에 따른 H, $\overline{H_1}$, $\overline{H_2}$의 그래프. $x_1 = 0, 1$일 때는 순수성분에 해당하므로 과잉 몰엔탈피는 0이 된다($H^E = 0$).

보기 3-5

과잉부피 자료로부터 부분성질 계산

다음은 298.15 K, 1기압에서의 1,3-dioxane(1)/isooctane(2)계에 대한 여러 조성에서의 과잉 몰부피 자료이다. 과잉 몰부피를 x_1에 대한 3차 다항식 함수로 나타내 보아라. 또한, 각 성분에 대한 과잉 부분몰 성질, 즉 $\overline{V}_1^E$, $\overline{V}_2^E$를 계산한 뒤, 이들의 x_1에 대한 그래프를 작성하고 특징에 대하여 논하여라.

298.15 K, 1기압에서의 1,3-dioxane(1)/isooctane(2)계에 대한 과잉부피 [1]

x_1	$V^E \times 10^3$ (cm^3/mol)	x_1	$V^E \times 10^3$ (cm^3/mol)
0.02715	87.5	0.69984	276.4
0.09329	265.6	0.72792	252.9
0.17490	417.4	0.77514	190.7
0.32760	534.5	0.79243	178.1
0.40244	531.7	0.82954	138.4
0.56689	421.1	0.86835	98.4
0.63128	347.1	0.93287	37.6
0.66233	321.7	0.98233	10.0

풀이 과잉 몰부피가 x_1의 함수로 주어져 있지 않기 때문에 실험데이터와 잘 맞는 3차 다항식을 계산한 뒤, 식 3.3.10과 3.3.11을 이용하여 각 성분에 대한 과잉 부분몰 부피를 계산하면 된다. 실험데이터에 적합한 3차 다항식의 계수를 계산하기 위해 여기서는 R의 선형모델 함수 lm( )을 이용한다.

```
require(PolynomF) # 다항식 생성함수 polynom( )이 들어있는 패키지 로더
require(polynom) # 다항식 계수로부터 다항식을 생성하는 함수 polynomial( )이 들어 있는
#                    패키지 로더

# 주어진 데이터 입력
x1=c(0.02715, 0.09329, 0.17490, 0.32760, 0.40244, 0.56689, 0.63128, 0.66233,
0.69984, 0.72792, 0.77514, 0.79243, 0.82954, 0.86835, 0.93287, 0.98233)

# 과잉부피 자료
VE=c(87.5, 265.6, 417.4, 534.5, 531.7, 421.1, 347.1, 321.7, 276.4, 252.9, 190.7,
178.1, 138.4, 98.4, 37.6,10)*1e-3    # cm3/mol

# 선형모델함수 lm( )를 이용하여 과잉 부피자료를 x1의 3차 다항식에 맞추기
VEfit=lm(VE~poly(x1,3,raw=TRUE))  # 매개변수 3은 다항식의 최고차 항의 차수
summary(VEfit) # 최소자승법을 이용한 다항식의 계수 계산 결과

Call:
lm(formula = VE ~ poly(x1, 3, raw = TRUE))

Residuals:
       Min          1Q      Median          3Q         Max
-0.0088330 -0.0018966  0.0001884  0.0019009  0.0061632
```

```
Coefficients: # Estimate가 추정된 계수를 나타냄
                        Estimate Std. Error t value Pr(>|t|)
(Intercept)             0.001987   0.004090   0.486    0.636    # 상수항
poly(x1, 3, raw = TRUE)1  3.382597   0.037442  90.341  < 2e-16 *** # 1차항
poly(x1, 3, raw = TRUE)2 -6.332661   0.083801 -75.568  < 2e-16 *** # 2차항 계수
poly(x1, 3, raw = TRUE)3  2.950370   0.052862  55.813 7.22e-16 *** # 3차항 계수
---
Signif. codes: 0 '***' 0.001 '**' 0.01 '*' 0.05 '.' 0.1 ' ' 1

Residual standard error: 0.004026 on 12 degrees of freedom
Multiple R-squared: 0.9995,     Adjusted R-squared: 0.9994
F-statistic: 8337 on 3 and 12 DF, p-value: < 2.2e-16

coef1=VEfit$coefficients
coef1 # 추정된 다항식의 계수 (순서대로 상수항, 1차, 2차, 3차항 계수)
        (Intercept) poly(x1, 3, raw = TRUE)1 poly(x1, 3, raw = TRUE)2
        0.001986791              3.382597490             -6.332661473
poly(x1, 3, raw = TRUE)3
        2.950370360

# 추정된 계수로부터 다항식 생성
VEp=polynomial(coef =coef1)
VEp
0.001986791 + 3.382597*x - 6.332661*x^2 + 2.95037*x^3

# 다항식을 "x" 의 함수로 정의
VEf=polynom(VEp)
VEf
0.001986791 + 3.382597*x - 6.332661*x^2 + 2.95037*x^3

# VEp와 VEf는 나타나는 모양은 동일하지만 구조는 다르다!
str(VEp) # 다항식 클래스
Class 'polynomial'  num [1:4] 0.00199 3.3826 -6.33266 2.95037
str(VEf)  # x의 함수임
function (x)
 - attr(*, "class")= chr "polynom"

x11() # 그림 3.3(실험값과 다항식에 의해 추정된 과잉부피의 비교)
par(mar=c(5.1,5.8,4.1,2.1)) # 그래프의 margin 설정
plot(x1,VE,xlim=c(0,1),ylim=c(0,0.7),
    ylab=expression(paste(V^E," ",cm^3/mol,sep="")),xlab=expression(x[1]))
```

```
par(new=TRUE)
curve(VEf,0,1,xlim=c(0,1),ylim=c(0,0.7),xlab="",ylab="")
grid( )

#과잉부피의 부분몰 성질 계산
dVE=deriv(VEf) # 다항식으로 표현된 과잉부피 함수를 x(x1)에 대해 미분
x=polynom( ) #  "x" 가 다항식의 독립변수로 사용됨을 정의
VE1=VEp+(1-x)*dVE # V1^E 계산
VE1
3.384584 - 12.66532*x + 15.18377*x^2 - 5.900741*x^3

VE2=VEp-x*dVE # V2^E 계산
VE2
0.001986791 + 6.332661*x^2 - 5.900741*x^3

x11( ) # 그림 3.4(조성에 대한 각 성분의 과잉 부분몰 부피 비교)
par(mar=c(5.1,5.8,4.1,2.1))
curve(VE1,0,1, ylim=c(0,3.5),xlab=expression(x[1]),
         ylab=expression(cm^3/mol),lty=1)
par(new=TRUE)
curve(VE2,0,1,ylim=c(0,3.5),xlab="", ylab="",lty=2)
text(0.8,1.2,bquote(bar(V)[1]^E))
text(0.08,3.00,bquote(bar(V)[2]^E))
grid( )
```

그림 3.3을 통해 추정된 다항식은 실험에 의해 주어진 과잉부피를 잘 예측함을 알 수 있다. 또한, 그림 3.4에서 보는 바와 같이 일정한 온도와 압력에서의 Gibbs / Duhem 식에 의해 예측되는 바와 같이 $\overline{V}_1^E$, $\overline{V}_2^E$ 그래프에서 각 조성에서의 기울기는 항상 서로 반대임을 알 수 있다.

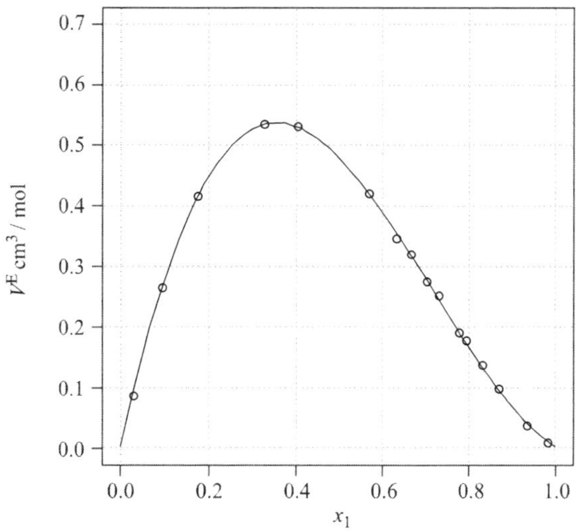

그림 3.3 과잉부피의 실험데이터(빈 원)와 최소자승법[R선형 모델함수 lm( )]을 이용하여 추정된 3차 다항식에 의해 추정된 값(실선). (추정된 다항식 : 0.001986791 + 3.382597*x - 6.332661*x^2 + 2.95037*x^3).

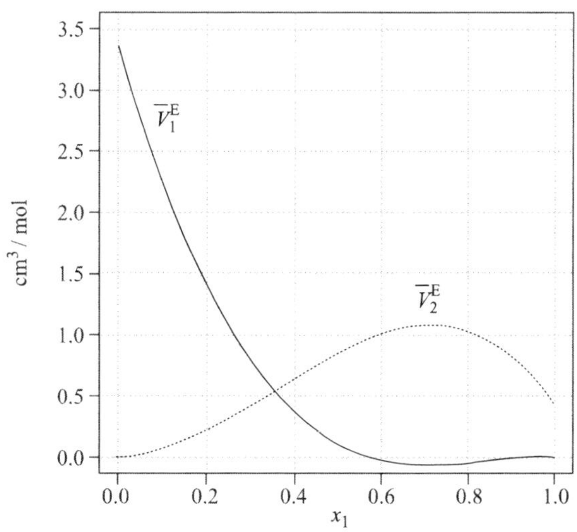

그림 3.4 과잉 몰부피를 나타내는 다항식으로부터 계산된 각 성분의 부분몰 부피.

$x_1 = 0$일 때는 순수한 성분 2에 대한 1부피가 되므로 이 때의 $\overline{V}_2^E$는 0이 되며, $x_1 = 1$일 때는 순수한 성분 1의 부피가 되므로 이 때의 $\overline{V}_1^E$는 0이 된다.

▶ MEMO ◀

CHAPTER 4

활동도 계수 계산에 이용되는 모델들

활동도는 주어진 상태와 기준상태에서 화학 포텐셜 차이의 관계로 나타나므로 현재 상태가 기준상태로부터 상대적으로 벗어난 정도의 척도가 된다. 기준상태를 계의 온도와 압력에서 순수성분으로 선택할 때 활동도 a_i는 식 3.2.12와 3.2.13에 의해 기준상태를 이상용액으로 선택할 때 정의되는 활동도 계수 γ_i와 몰분율 x_i의 곱으로 나타낼 수 있으므로 혼합물에서 성분의 화학 포텐셜은

$$\begin{aligned} \mu_i(T,P,x) &= \mu_i(T,P) + RT\ln a_i \\ &= \mu_i(T,P) + RT\ln(\gamma_i x_i) \\ &= \mu_i(T,P) + RT\ln\gamma_i + RT\ln x_i \\ &= \mu_i^{id}(T,P,x) + RT\ln\gamma_i \end{aligned} \tag{4.1}$$

이 된다. 식 4.1을 통해 혼합물의 비이상성은 $RT\ln\gamma_i$에 의해 설명됨을 알 수 있다. 즉, 활동도 계수는 이상용액으로부터의 편차에 대한 정보를 제공한다. 따라서, 혼합물의 비이상성을 다룰 때에서는 활동도보다 활동도 계수를 주로 계산한다. 식 4.1을 활동도 계수에 대해 재정리하면

$$\begin{aligned} \gamma_i(T,P,x) &= \exp\left[\frac{\mu_i(T,P,x) - \mu_i^{id}(T,P,x)}{RT}\right] \\ &= \exp\left[\frac{\mu_i^E(T,P,x)}{RT}\right] \\ &= \exp\left[\frac{1}{RT}\int_0^P (\overline{V}_i(T,P,x) - \overline{V}_i^{id}(T,P,x))dP\right] \end{aligned} \tag{4.2}$$

이 된다. 식 4.2는 열역학 실험 자료로부터 활동도 계수 γ_i를 계산하는데 유용하게 사

용된다. 활동도 계수는 과잉 몰깁스 자유 에너지로부터도 계산될 수 있다(식 3.2.19). 즉, 혼합물의 과잉 몰깁스 자유 에너지가 주어지면 편미분을 통해 각 성분에 대한 과잉 화학 포텐셜을 계산할 수 있으며, 과잉 화학 포텐셜이 주어지면 식 4.2를 이용하여 활동도 계수를 계산할 수 있다. 과잉 깁스 에너지에 대한 여러 가지 모델들이 있으며 이들은 형태와 관계없이 다음의 두 가지 조건을 만족한다.

- 순수한 성분 조건에서 활동도 계수 $\gamma = 1$ 이고 $G^E = 0$
- Gibbs / Duhem 식

$$\left(\frac{\partial G^E}{\partial P}\right)_{T,x} dP + \left(\frac{\partial G^E}{\partial T}\right)_{P,x} dT - \sum_i x_i \, d\mu_i^E = 0 \tag{4.3}$$

일정한 온도와 압력에서 식 4.3은 다음과 같이 나타낼 수 있다.

$$\sum_i x_i \, d\ln\gamma_i = 0 \tag{4.4}$$

제4장에서는 다양한 과잉 깁스 에너지 모델들을 살펴보고 이들로부터 활동도 계수에 대한 식을 유도한다. 이론적 복잡성을 피하기 위해 이성분계에서 출발하여 다성분계로 확장해 나갈 것이다.

4.1 Margules 식

이성분계의 과잉 몰 깁스 에너지를 다항식으로 표현하면

$$\frac{G^E}{x_1 x_2 RT} = \left[A + B(x_1 - x_2) + C(x_1 - x_2)^2 + \cdots\right] \text{ (일정한 온도)} \tag{4.1.1}$$

과 같다. 식 4.1.1은 Redlich / Kister 전개식이라 불리며, A, B, C, $\cdots$ 는 온도에 의존하는 매개변수이다. 따라서, 온도가 일정할 경우 이들 매개변수들은 상수가 된다. 일정한 온도에서 만약 모든 매개변수들의 값이 0이라면 $G^E = 0$, $\ln\gamma_1 = 0$, $\ln\gamma_2 = 0$, $\gamma_1 = \gamma_2 = 1$이 되어 용액은 이상용액이 된다. 만약 매개변수 A만 값을 가지고($A \neq 0$) 나머지 모든 매개변수들의 값이 0이라면 식 4.1.1은 다음과 같이 나타낼 수 있다.

$$\frac{G^E}{RT} = Ax_1x_2 \tag{4.1.2}$$

식 4.1.2는 단일 상수 Margules 식이라 하며, 식 4.1.2를 식 3.2.7에 대입하여 부분성질을 계산하면 성분 1의 활동도 계수는 다음과 같이 계산된다.

$$\ln\gamma_1 = \frac{1}{RT}\overline{G}_i^E = \left(\frac{\partial(nG^E/RT)}{\partial n_1}\right)_{T,P,n_2} = \frac{\partial}{\partial n_1}\left(\frac{An_1n_2}{n}\right)_{n_2} \tag{4.1.3}$$

$$= An_2\left[\frac{n-n_1}{n^2}\right] = A\frac{n_2^2}{n^2} = Ax_2^2$$

여기에서 $n = n_1 + n_2$, $(\partial n/\partial n_1)_{n_2} = 1$이 이용되었다. 유사한 방식으로 성분 2에 대한 활동도 계수는 다음과 같이 주어진다.

$$\ln\gamma_2 = Ax_1^2 \tag{4.1.4}$$

단일 상수 Margules 식은 크기, 구조, 화학적 특성 등이 비슷한 성분들로 구성된 액체 혼합물에 대해서 활동도 계수의 거동을 잘 나타낼 수 있다. 하지만, 서로 유사하지 않은 분자들로 구성된 혼합물의 거동에는 단일 상수 Margules 식이 적절하지 못하다. 이에 대한 해결방법의 하나로서 매개변수의 개수를 늘이는 방법이 있다. 과잉 몰 깁스 에너지에 대한 식 4.1.1에서 매개변수 A뿐만 아니라 B도 값을 가지는($A \neq 0$, $B \neq 0$) 경우를 생각해 보자. A와 B를 제외한 나머지 매개변수의 값들이 모두 0이라면 식 4.1.1은

$$\frac{G^E}{RT} = x_1x_2[A + B(x_1 - x_2)] = x_1x_2(A_{21}x_1 + A_{12}x_2) \tag{4.1.5}$$

이 된다. 여기에서 $A_{21} = A + B$, $A_{12} = A - B$이다. 식 4.1.5는 두 상수 Margules 식이라고 부르며 이로부터 성분 1에 대한 활동도 계수를 구하면 다음과 같다.

$$\ln\gamma_1 = \left[\frac{\partial(nG^E/RT)}{\partial n_1}\right]_{T,P,n_2} \tag{4.1.6}$$

$$= \frac{\partial}{\partial n_1}\left[\frac{n_1n_2}{n}\left(A_{21}\frac{n_1}{n} + A_{12}\frac{n_2}{n}\right)\right]_{n_2}$$

$$= \left(\frac{n_2 n - n_1 n_2}{n^2}\right)\left[A_{21}\frac{n_1}{n} + A_{12}\frac{n_2}{n}\right] + \frac{n_1 n_2}{n}\left[A_{21}\frac{n-n_1}{n^2} - A_{12}\frac{n_2}{n^2}\right]$$

$$= (x_2 - x_1 x_2)(A_{21}x_1 + A_{12}x_2) + x_1 x_2 (A_{21}(1-x_1) - A_{12}x_2)$$

$$= x_2^2 (A_{21}x_1 + A_{12}x_2) + x_1 x_2^2 [A_{21} - A_{12}] = x_2^2 (2A_{21}x_1 + A_{12}(x_2 - x_1))$$

$$= x_2^2 [A_{12} + 2(A_{21} - A_{12})x_1]$$

유사한 방식으로 성분 2에 대한 활동도 계수는 다음과 같이 주어진다.

$$\ln \gamma_2 = x_1^2 [A_{21} + 2(A_{12} - A_{21})x_2] \tag{4.1.7}$$

두 상수 Margules 식은 단일 상수 Margules 식보다 좀 더 복잡한 계의 거동을 기술할 수 있다.

보기 4-1 **공비점을 이용한 Margules 식의 상수계산**

Methanol(1)/Methyl acetate(2)의 이성분계는 T=318.15 K에서 공비점을 가지며 이때의 조성은 $x = y = 0.325$이다. 공비점 데이터를 이용하여 단일 상수 Margules 식의 상수를 계산하고 같은 온도에서 $x_1 = 0.8$일 때 기상의 조성과 계의 압력을 계산하여라. 각 성분의 증기압은 다음의 Antoine 식으로 주어진다.

$$\ln P_1^{sat} = 16.59158 - \frac{3,643.31}{T - 33.424}$$

$$\ln P_2^{sat} = 14.25326 - \frac{2,665.54}{T - 53.424}$$

위의 식에서 온도 T의 단위는 kelvin이고 증기압의 단위는 kPa이다. 이 이성분계는 다음의 수정된 Raoult의 법칙을 따른다고 가정하라.

$$x_i \gamma_i P_i^{sat} = y_i P$$

풀이 수정된 Raoult의 법칙을 따르므로 공비점에서 활동도 계수는 $\gamma_i = P/P_i^{sat}$가 된다. 공비점에서 계의 압력을 모르기 때문에 각 성분의 활동도는 계산할 수 없지만 활동도 계수의 비를 계산할 수 있다. T=318.15 K에서 Antoine 식을 이용하여 각 성분의 증기압을 계산하면 다음과 같다.

$$P_1^{sat} = 44.51, P_2^{sat} = 65.64 \text{ kPa}$$

따라서, 공비점에서 활동도 계수의 비는

$$\frac{\gamma_1}{\gamma_2} = \frac{P_2^{sat}}{P_1^{sat}} = \frac{65.64}{44.51} = 1.47 \tag{1}$$

이 된다. 또한, 단일 상수 Margules 식에 의한 성분 1과 2의 활동도 계수 비를 계산하면

$$\ln\left(\frac{\gamma_1}{\gamma_2}\right) = A\left(x_2^2 - x_1^2\right) \tag{2}$$

이 된다. 공비점에서 조성이 주어졌으므로 식 1과 2를 이용하여 상수 A를 계산하면

$$\ln(1.47) = A\left(0.675^2 - 0.325^2\right) \qquad \Rightarrow A = 1.1$$

이 된다. 이제 $x_1 = 0.8$일 때의 계의 압력과 기상의 조성을 계산해보자. 수정된 Raoult의 법칙에 따라 각 성분의 분압을 계산하기 위해 $x_1 = 0.8$일 때의 활동도 계수를 Margules 식을 이용하여 계산하면

$$\ln\gamma_1 = Ax_2^2 = 1.1 \times 0.2^2 \qquad \Rightarrow \gamma_1 = 1.04$$
$$\ln\gamma_2 = Ax_1^2 = 1.1 \times 0.8^2 \qquad \Rightarrow \gamma_2 = 2.02$$

활동도 계수가 주어졌으므로 각 성분의 분압을 계산할 수 있다.

$$y_1 P = x_1 \gamma_1 P_1^{sat} = 0.8 \times 1.04 \times 44.51 = 37.03\ \text{kPa}$$
$$y_2 P = x_2 \gamma_2 P_2^{sat} = 0.2 \times 2.02 \times 65.64 = 26.52\ \text{kPa}$$

따라서, 계의 압력과 기상의 조성은 다음과 같다.

$$P = 37.03 + 26.52 = 63.55\ \text{kPa}$$
$$y_1 = 37.03/63.55 = 0.58,\ y_2 = 0.42$$

보기 4-2 **기액평형 데이터를 이용한 Margules 식의 상수계산**[8)]

다음의 표는 T=293.15 K에서 ethyl acetate(1)/cyclohexane(2) 계의 기액 평형데이터를 나타낸다. 이 이성분계가 수정된 Raoult의 법칙을 따른다고 가정하고 주어진 기액평형 데이터를 이용하여 두 상수 Margules 식의 적절한 매개변수의 값을 구한 뒤 실험 데이터와 모델에 의해 예측된 Pxy 그래프를 함께 그려라. 또한 활동도 계수의 자연로그와 과잉 깁스 에너지(RT로 나눈 값)를 동일한 그래프 위에 나타내어라.

8) Dahm, K.D. and D.P. Visco Jr. Fundamentals of Chemical Engineering Thermodynamics. (Cemgage Learning, 2015), p. 528. Prob. 11.21.

293.15 K에서 ethyl acetate(1)/cyclohexane(2)의 기액 평형 데이터

P[kPa]	x_1	y_1
10.386	0	0
11.132	0.025	0.075
11.666	0.050	0.148
12.199	0.075	0.197
12.959	0.144	0.286
13.732	0.218	0.350
13.919	0.274	0.390
14.066	0.347	0.425
14.132	0.406	0.442
14.132	0.494	0.476
14.052	0.575	0.505
13.719	0.690	0.556
12.946	0.787	0.619
12.026	0.887	0.730
10.986	0.948	0.840
9.789	1	1

풀이 이성분계가 수정된 Raoult의 법칙을 따르므로 주어진 기액평형 데이터로부터 활동도 계수와 과잉 깁스 에너지를 다음의 식을 통해 계산할 수 있다.

$$\gamma_1 = \frac{y_1 P}{x_1 P_1^{sat}},\ \gamma_2 = \frac{y_2 P}{x_2 P_2^{sat}},\ \frac{G^E}{RT} = x_1 \ln\gamma_1 + x_2 \ln\gamma_2 \qquad \text{(A)}$$

위의 식을 통해 각 조성에 따른 과잉 깁스 에너지가 결정되면 비선형 회귀분석을 통해 두 상수 Margules 식의 상수를 계산하면 된다.

$$\frac{G^E}{RT} = x_1 x_2 (A_{21} x_1 + A_{12} x_2) \qquad \text{(B)}$$

회귀분석에서 목적함수(objective function, OBJ)를 다음과 같이 설정한다.

$$OBJ = \sum\left[\left(\frac{G^E}{RT}\right)_{\exp} - \left(\frac{G^E}{RT}\right)_{calc}\right]^2$$

즉, 기액평형 데이터로부터 계산된 과잉 깁스 에너지와 모델(두 상수 Margules 식)을 통해 얻어진 과잉 깁스 에너지 차이 제곱의 합을 목적함수로 설정하고 목적함수가 최소가 될 때의 매개변수 A_{21}과 A_{12}를 찾으면 된다. 식 4.1.5를 이용하여 주어진 조성에서 과잉 깁스 에너지를 계산하기 위해서는 A_{21}과 A_{12}의 값이 필요하다. R에서는 최소자승법을 이용하

여 매개변수를 추정할 수 있는 많은 함수가 있다. 여기에서는 과잉 깁스 에너지가 조성의 비선형 함수이므로 함수 $nls()$를 이용하여 Margules 식의 두 매개변수를 계산할 것이다. 과잉 깁스 에너지에 대한 매개변수가 결정되면 식 4.1.6, 4.1.7을 이용하여 활동도 계수를 계산할 수 있다. 이제 R 프로그램을 이용하여 문제를 풀어보자.

```
## 주어진 기액 평형 데이터의 입력

P=c(10.386, 11.132, 11.666, 12.199, 12.959, 13.732, 13.919, 14.066,14.132,14.132,
     14.052, 13.719, 12.946, 12.026, 10.986, 9.786)
x1=c(0, 0.025, 0.050, 0.075, 0.144, 0.218, 0.274, 0.347, 0.406, 0.494, 0.575, 0.690,
     0.787, 0.887, 0.984, 1)
y1=c(0, 0.075, 0.148, 0.197, 0.286, 0.350, 0.390, 0.425, 0.442, 0.476, 0.505,
     0.556, 0.619, 0.730, 0.840, 1)
n=length(x1) # 총 데이터 포인트의 개수, 여기서는 n=16

# 수정된 Raoult의 법칙을 이용한 활동도 계수의 계산
gam1=y1*P/(x1*P[n]) # P[n]은 x1=1일 때의 P로서 P1^sat임
gam1[1]=NA # x1=0일 때의 값이므로 NA (not available)로 할당
gam2=(1-y1)*P/((1-x1)*P[1]) # P[1]은 x1=0, x2=1일 때의 P로서 P2^sat임
gam2[n]=NA #x2=0일 때의 값이므로 NA (not available)로 할당

# 활동도 계수를 이용한 과잉 깁스 에너지의 계산
GE_RT=x1*log(gam1)+(1-x1)*log(gam2)
GE_RT[c(1,n)]=0 # 순수 성분일 경우 (x1=0,1) 과잉 깁스 에너지는 0

# 실험값을 통해 측정된 활동도 계수 및 과잉 깁스 에너지
VLEdat=cbind(P,x1,y1,gam1,gam2,GE_RT)
round(VLEdat,3) # VLEdat 변수에 저장된 값을 반올림하여 수소 셋째자리까지 표시
            P    x1    y1  gam1   gam2  GE_RT
 [1,] 10.386 0.000 0.000    NA  1.000  0.000
 [2,] 11.132 0.025 0.075 3.413  1.017  0.047
 [3,] 11.666 0.050 0.148 3.529  1.007  0.070
 [4,] 12.199 0.075 0.197 3.274  1.020  0.107
 [5,] 12.959 0.144 0.286 2.630  1.041  0.173
 [6,] 13.732 0.218 0.350 2.253  1.099  0.251
 [7,] 13.919 0.274 0.390 2.024  1.126  0.279
 [8,] 14.066 0.347 0.425 1.760  1.193  0.311
 [9,] 14.132 0.406 0.442 1.572  1.278  0.329
[10,] 14.132 0.494 0.476 1.391  1.409  0.337
[11,] 14.052 0.575 0.505 1.261  1.576  0.327
```

```
[12,] 13.719 0.690 0.556 1.130  1.892  0.282
[13,] 12.946 0.787 0.619 1.041  2.230  0.202
[14,] 12.026 0.887 0.730 1.011  2.767  0.125
[15,] 10.986 0.984 0.840 0.958 10.578 -0.004
[16,]  9.786 1.000 1.000 1.000     NA  0.000
```

```
# 실험 데이터로부터 계산된 과잉 깁스 에너지를 Margules 식에 맞추기
# 비선형 모델의 매개변수를 측정을 위해 함수 nls( )를 사용
# 매개변수의 초기치는 1로 함.
x2=1-x1
```

함수 $nls()$를 이용한 비선형 회귀분석 ($OF=\sum\left[\left(\frac{G^E}{RT}\right)_{\exp}-\left(\frac{G^E}{RT}\right)_{calc}\right]^2$ 의 최소화)

```
Marfit=nls(GE_RT~x1*x2*(A21*x1+A12*x2),start=list(A21=1,A12=1))
summary(Marfit)  # 회귀분석을 결과 표시
```

```
Formula: GE_RT ~ x1 * (1 - x1) * (A21 * x1 + A12 * (1 - x1))

Parameters:
    Estimate Std. Error t value Pr(>|t|)
A21  1.18308    0.03743   31.61 2.03e-14 ***
A12  1.50555    0.03309   45.49  < 2e-16 ***
---
Signif. codes:  0 '***' 0.001 '**' 0.01 '*' 0.05 '.' 0.1 ' ' 1

Residual standard error: 0.008013 on 14 degrees of freedom

Number of iterations to convergence: 1
Achieved convergence tolerance: 1.24e-09
```

위의 결과를 통해 Margules 식의 두 상수 A_{21}, A_{12}가 수렴함을 볼 수 있음

추정된 Margules 식의 두 상수 A_{21}, A_{12}

```
A21=summary(Marfit)$coefficients[1,1]
A21
[1] 1.183083
A12=summary(Marfit)$coefficients[2,1]
 A12
[1] 1.505545
```

추정된 A_{21}, A_{12}를 이용한 활동도 계수의 계산(식 4.1.6, 4.1.7)

```
gam1p=exp((1-x1)^2*(A12+2*(A21-A12)*x1))
gam2p=exp(x1^2*(A21+2*(A12-A21)*(1-x1)))
```

```
# Margules 식을 통해 계산된 활동도 계수를 이용한 과잉 깁스 에너지의 계산
GE_RTp=x1*log(gam1p)+(1-x1)*log(gam2p)

# 실험 및 Margules 식을 통해 예측된 활동도 계수, 과잉 깁스 에너지의 그래프
# 그림 4.1 작성
plot(x1,log(gam1),ylim=c(0,1.3),ylab="",xlab="Mole fraction of ethyl acetate")
lines(x1,log(gam1p))
par(new=TRUE) # 그래프를 겹쳐 그리기 위한 설정
plot(x1,log(gam2),ylim=c(0,1.3),ylab="",xlab="")
lines(x1,log(gam2p))
par(new=TRUE)
plot(x1,GE_RT,ylim=c(0,1.3),ylab="",xlab="")
lines(x1,GE_RTp)
text(0.3,1.2,expression(paste("log",gamma[1],sep="")))
arrows(0.25,1.2,0.1,1.2,length=0.1)
text(0.71,1.0,expression(paste("log",gamma[2],sep="")))
arrows(0.76,1.0,0.88,1.0,length=0.1)
text(0.2,0.4,expression(paste(G^E,"/RT",sep="")))
arrows(0.2,0.35,0.2,0.25,length=0.1)
```

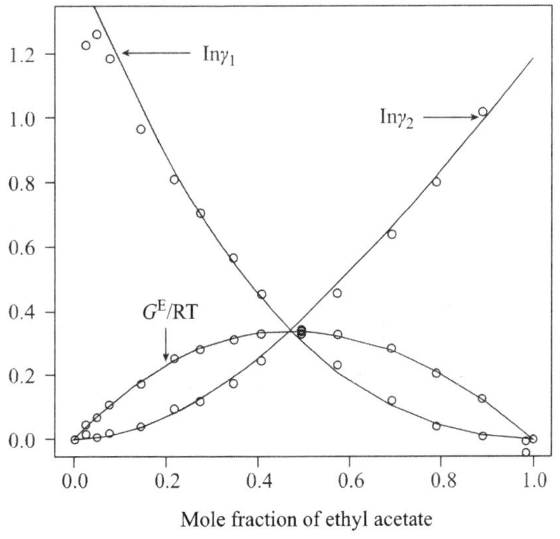

그림 4.1 293.15 K에서 ethyl acetate(1)/cyclohexane(2) 계에서 조성에 따른 대한 활동도 계수, 과잉 깁스 에너지. 두 상수 Magules 식에 계산된 값은 실선으로, 실험 데이터는 빈 원으로 나타내었다.

4.2 van Laar 식

이성분계의 거동을 설명하기 위해 van Laar는 다음의 두 가지를 가정하였다,

- 이성분계는 크기와 상호작용 에너지가 비슷한 두 종류의 분자들로 구성됨.
- 반 데어 발스 상태방정식은 순수한 성분과 이성분계에 대해 똑같이 적용될 수 있음.

첫 번째 가정을 통해 주어진 온도와 압력에서 혼합에 의한 몰부피 변화와 몰 엔트로피 변화는 이상용액에서와 같다고 생각할 수 있다. 따라서, 다음의 식이 성립한다.

$$\Delta V_{mix} = 0$$

$$\Delta S_{mix} = -R\sum_{i=1}^{2} x_i \ln x_i$$

따라서, 첫 번째의 가정을 통해 $V^E = 0$, $S^E = 0$임을 알 수 있다. 그러므로 과잉 깁스 에너지는

$$G^E = H^E - TS^E = U^E + PV^E - TS^E = U^E \tag{4.2.1}$$

이 된다. 식 4.2.1은 과잉 내부 에너지를 과잉 깁스 에너지 대신 사용할 수 있음을 나타낸다. 또한, 첫 번째 가정은 식 3.2.3을 성립하게 하며 과잉 내부 에너지는 혼합에 의한 내부 에너지의 변화와 같음을 알 수 있다($U^E = \Delta U_{\text{mix}}$). 이제 van Laar의 두 번째 가정을 이용하여 혼합에 의한 내부 에너지의 변화를 계산해 보자. 내부 에너지는 상태함수이므로 혼합에 의한 내부 에너지 변화는 혼합경로에 상관이 없다. 여기서는 다음의 경로를 통해 혼합된다고 가정해 보자.

a. 온도 T에서 각 성분의 압력을 0으로 변화시켜 이상기체 상태로 팽창
b. 온도 T에서 이상기체 상태에서 등온혼합
c. 온도 T에서 이상기체 상태 혼합물을 압력 P로 압축

위의 a, b, c 경로에 따른 내부 에너지의 변화는

$$\Delta U_{mix} = \Delta U^a + \Delta U^b_{mix} + \Delta U^c \tag{4.2.2}$$

이 된다. 이상기체의 경우 등온혼합에 의한 내부 에너지의 변화는 0이므로 $\Delta U^b_{mix} = 0$ 이 된다. 경로 a와 c는 일정온도에서 각각 팽창과 압축에 따른 내부 에너지의 변화를 의미한다. 팽창과 수축에 따른 내부 에너지 변화를 반 데어 발스 상태식을 이용하여 계산하기 위해 우선 일정 온도에서 부피변화에 따른 내부 에너지 변화의 관계식을 유도해 보자. 단힌계에서 순수한 물질에 대한 내부 에너지는 엔트로피와 부피의 함수로서 다음과 같이 나타낼 수 있다.

$$dU = TdS - PdV \tag{4.2.3}$$

따라서, 일정한 온도에서 부피변화에 따른 내부 에너지는

$$\left(\frac{\partial U}{\partial V}\right)_T = T\left(\frac{\partial S}{\partial V}\right)_T - P \tag{4.2.4}$$

이 된다. Maxwell 식에 따르면 $(\partial S/\partial V)_T = (\partial P/\partial T)_V$이므로 위의 식은 다음과 같이 나타낼 수 있다.

$$\left(\frac{\partial U}{\partial V}\right)_T = T\left(\frac{\partial P}{\partial T}\right)_V - P \tag{4.2.5}$$

반 데어 발스 상태식을 이용하여 $(\partial P/\partial T)_V$를 계산하면

$$P = \frac{RT}{V-b} - \frac{a}{V^2} \quad \text{(반 데어 발스 상태식)}$$

$$\left(\frac{\partial P}{\partial T}\right)_V = \frac{R}{V-b} \tag{4.2.6}$$

이 된다. 식 4.2.6을 식 4.2.5에 대입하면

$$\left(\frac{\partial U}{\partial V}\right)_T = \frac{RT}{V-b} - P = \frac{a}{V^2} \tag{4.2.7}$$

이 된다. 식 4.2.7을 이용하여 순수성분 1과 2가 이상기체 상태로 팽창될 때의 경로 a에 따른 내부 에너지 변화를 계산하면

$$\Delta U^a = x_1\left[\int_{V_1}^{\infty}\left(\frac{\partial U}{\partial V}\right)_T dV\right] + x_2\left[\int_{V_2}^{\infty}\left(\frac{\partial U}{\partial V}\right)_T dV\right] \tag{4.2.7}$$

$$= x_1\int_{V_1}^{\infty}\frac{a_1}{V^2}dV + x_2\int_{V_2}^{\infty}\frac{a_2}{V^2}dV$$

$$= x_1\frac{a_1}{V_1} + x_2\frac{a_2}{V_2}$$

이 된다. 여기에서 x는 몰분율을 나타내며, a_1과 a_2는 성분 1과 2의 반 데어 발스 상태식의 상수 a에 해당한다. 이상기체의 등온 혼합과정에서 내부 에너지는 변화는 0이므로 경로 b는 내부 에너지에 영향을 미치지 않는다. 경로 c에 따른 내부 에너지의 변화는 식 4.2.7을 이용하여 다음과 같이 계산된다.

$$\Delta U^c = \int_{\infty}^{V_m}\left(\frac{\partial U}{\partial V}\right)_T dV = \int_0^{V_m}\frac{a_m}{V^2}dV = -\frac{a_m}{V_m} \tag{4.2.8}$$

여기에서 V_m은 경로 b에 의해 두 성분이 혼합된 후의 몰부피를 나타내며, a_m은 이 혼합물의 반 데어 발스 상태식의 상수 a에 해당한다. 따라서, 이성분계가 van Laar의 두 가지 가정을 만족할 때 다음의 식이 성립함을 알 수 있다.

$$\Delta U_{mix} = x_1\frac{a_1}{V_1} + x_2\frac{a_2}{V_2} - \frac{a_m}{V_m} \tag{4.2.9}$$

임계점 영역을 벗어난 액체의 경우 압력에 따른 액체의 부피의 변화는 작기 때문에 비압축성의 유체로 볼 수 있으며 액체의 부피는 반 데어 상수 b에 근사시킬 수 있다. 또한, 첫 번째 가정에 의해 $\Delta U_{mix} = U^E = G^E$이므로 결국 식 4.2.9는 다음과 같이 나타낼 수 있다.

$$G^E = x_1\frac{a_1}{b_1} + x_2\frac{a_2}{b_2} - \frac{a_m}{b_m} \tag{4.2.10}$$

혼합물에 대한 반 데어 발스 상수 a_m과 b_m은 반 데어 발스 혼합규칙에 따라 다음과 같이 계산된다.

$$a_m = \left(x_1\sqrt{a_1} + x_2\sqrt{a_2}\right)^2,\ b_m = x_1 b_1 + x_2 b_2 \tag{4.2.11}$$

식 4.2.11을 식 4.2.10에 대입하여 정리하면

$$G^E = x_1 \frac{a_1}{b_1} + x_2 \frac{a_2}{b_2} - \left(\frac{x_1^2 a_1 + 2x_1 x_2 \sqrt{a_1 a_2} + x_2^2 a_2}{x_1 b_1 + x_2 b_2} \right) \tag{4.2.12}$$

이 된다. 공통분모로 묶으면 다음과 같다.

$$\begin{aligned} G^E &= \frac{x_1 \frac{a_1}{b_1}(x_1 b_1 + x_2 b_2) + x_2 \frac{a_2}{b_2}(x_1 b_1 + x_2 b_2) - (x_1^2 a_1 + 2x_1 x_2 \sqrt{a_1 a_2} + x_2^2 a_2)}{x_1 b_1 + x_2 b_2} \\ &= \frac{x_1 a_1 \left(x_1 + x_2 \frac{b_2}{b_1} \right) + x_2 a_2 \left(x_1 \frac{b_1}{b_2} + x_2 \right) - (x_1^2 a_1 + 2x_1 x_2 \sqrt{a_1 a_2} + x_2^2 a_2)}{x_1 b_1 + x_2 b_2} \\ &= \frac{x_1 x_2 a_1 \frac{b_2}{b_1} + x_1 x_2 a_2 \frac{b_1}{b_2} - 2x_1 x_2 \sqrt{a_1 a_2}}{x_1 b_1 + x_2 b_2} \\ &= \frac{x_1 x_2 b_1 b_2}{x_1 b_1 + x_2 b_2} \left(\frac{a_1}{b_1^2} + \frac{a_2}{b_1^2} - \frac{2\sqrt{a_1 a_2}}{b_1 b_2} \right) \end{aligned} \tag{4.2.13}$$

식 4.2.13은 다음과 같이 간단히 나타낼 수 있다.

$$G^E = \frac{x_1 x_2 b_1 b_2}{x_1 b_1 + x_2 b_2} \left(\frac{\sqrt{a_1}}{b_1} - \frac{\sqrt{a_2}}{b_2} \right)^2 \tag{4.2.14}$$

여기에서 우변의 제곱부분을 Q로 정의하면 더 간단한 표현이 얻어진다.

$$G^E = \frac{x_1 x_2 b_1 b_2}{x_1 b_1 + x_2 b_2} Q \tag{4.2.15}$$

van Laar는 다음과 같이 두 개의 변수를 정의하였다.

$$A_{12} = \frac{Qb_1}{RT}, \; A_{21} = \frac{Qb_2}{RT}, \; \frac{A_{12}}{A_{21}} = \frac{b_1}{b_2} \tag{4.2.16}$$

따라서, 식 4.2.15는 다음과 같이 나타낼 수 있다.

$$\frac{G^E}{RT} = \frac{A_{12} A_{21} x_1 x_2}{x_1 A_{12} + x_2 A_{21}} \tag{4.2.17}$$

과잉 깁스 에너지가 계산되었으므로 다음의 식을 이용하여 활동도 계수를 구할 수 있다.

$$\ln\gamma_i = \left[\frac{\partial(nG^E/RT)}{\partial n_i}\right]_{T,P,n_{j\neq i}} \tag{4.2.18}$$

식 4.2.17과 4.2.18을 이용하여 이성분계의 활동도 계수를 구하면 다음의 van Laar 식이 얻어진다.

$$\ln\gamma_1 = \frac{A_{12}}{\left[1+\dfrac{A_{12}x_1}{A_{21}x_2}\right]^2}, \quad \ln\gamma_2 = \frac{A_{21}}{\left[1+\dfrac{A_{21}x_2}{A_{12}x_1}\right]^2} \tag{4.2.19}$$

실험 데이터를 이용하여 활동도 계수가 결정된 경우에는 식 4.2.19를 재정리하여 매개변수 A_{12}와 A_{21}을 구할 수 있다.

$$A_{12} = (\ln\gamma_1)\left[1+\frac{x_2\ln\gamma_2}{x_1\ln\gamma_1}\right]^2, \quad A_{21} = (\ln\gamma_2)\left[1+\frac{x_1\ln\gamma_1}{x_2\ln\gamma_2}\right]^2 \tag{4.2.20}$$

이성분계의 거동을 설명하기 위해 van Laar의 가정을 살펴보면 과잉부피와 과잉 엔트로피를 무시하였는데, Hildebrand는 이러한 용액을 정규용액(regular solution)이라고 불렀다. 정규용액은 혼합에 의한 부피변화가 없으며, 과잉 엔트로피를 나타내지 않는다. 즉 $V^E=0$, $S^E=0$을 만족한다. 따라서, 정규용액에서는 $G^E=U^E$이므로 용액의 비이상 거동을 나타내는 활동도 계수를 계산하기 위해 과잉 깁스 에너지 대신 과잉 내부 에너지를 계산하면 된다. 반 데어 발스 매개변수를 통해 예측된 과잉 깁스 에너지(식 4.2.14)는 반 데어 발스 상태식을 잘 따르지 않는 용액의 경우에는 부정확한 결과를 예측한다. Scatchard와 Hildebrand는 (독립적으로) 정규용액에서 과잉 깁스 에너지, 즉 혼합에 의한 내부에너지의 변화를 계산하기 위해 반 데어 발스 매개변수 대신 순수한 성분의 실험 데이터를 이용하도록 van Laar 식을 수정하였다. 즉, 다음의 경로를 통해 혼합에 의한 내부 에너지의 변화를 계산하였다.

a. 온도 T에서 각 성분이 포화액체에서 이상기체 상태로 증발
b. 온도 T에서 이상기체 상태에서 등온혼합
c. 온도 T에서 이상기체 상태 혼합물이 포화액체로 응축

ΔU_i^{vap}가 순수성분 i의 포화액체가 이상기체 상태로 증발할 때의 내부 에너지 변화를 나타낸다면 이성분계에서 경로 a에 따른 내부 에너지 변화는 다음과 같이 나타낼 수 있다.

$$\Delta U^a = x_1 \Delta U_1^{vap} + x_2 \Delta U_2^{vap} \tag{4.2.21}$$

경로 b에 따른 내부 에너지 변화는 이상기체 상태의 등온 혼합과정이므로 $\Delta U^b = 0$이 된다. 경로 c에 따른 내부 에너지 변화를 계산하기 위해서는 혼합물의 증발과정에 요구되는 내부 에너지(ΔU_m^{vap})의 계산이 필요하며 이에 대해 다음과 같이 제안되었다.

$$\Delta U_m^{vap} = \left(x_1 \sqrt{\frac{V_1 \Delta U_1^{vap}}{V_m}} + x_2 \sqrt{\frac{V_2 \Delta U_2^{vap}}{V_m}} \right)^2 \tag{4.2.22}$$

여기에서 $V_m = x_1 V_1 + x_2 V_2$로서 이성분계 혼합물의 몰부피에 해당한다(정규용액이므로 혼합에 따른 부피변화는 0임). 식 4.2.22가 포화액체 혼합물의 증발과정에서 발생한 내부 에너지 변화라면 경로 c는 이 과정의 반대이므로 $\Delta U^c = -\Delta U_m^{vap}$가 된다. 따라서, 경로 a, b, c에 의한 내부 에너지 변화는 다음과 같이 정리된다.

$$\begin{aligned} \Delta U_{mix} &= \Delta U^a + \Delta U^c = x_1 \Delta U_1^{vap} + x_2 \Delta U_2^{vap} \\ &\quad - \left(x_1 \sqrt{\frac{V_1 \Delta U_1^{vap}}{V_m}} + x_2 \sqrt{\frac{V_2 \Delta U_2^{vap}}{V_m}} \right)^2 \\ &= x_1 \Delta U_1^{vap} + x_2 \Delta U_2^{vap} + \\ &\quad \frac{1}{V_m} \left(x_1^2 V_1 \Delta U_1^{vap} + 2 x_1 x_2 \sqrt{V_1 V_2 \Delta U_1^{vap} \Delta U_2^{vap}} + x_2^2 V_2 \Delta U_2^{vap} \right) \end{aligned} \tag{4.2.23}$$

여기에서 $V_m = x_1 V_1 + x_2 V_2$를 대입하고 통분하여 정리하면

$$\begin{aligned} \Delta U_{mix} &= \frac{x_1 x_2 V_1 V_2}{x_1 V_1 + x_2 V_2} \left[\frac{\Delta U_2^{vap}}{V_2} - 2 \sqrt{\frac{\Delta U_1^{vap} \Delta U_2^{vap}}{V_1 V_2}} + \frac{\Delta U_1^{vap}}{V_1} \right] \\ &= \frac{x_1 x_2 V_1 V_2}{x_1 V_1 + x_2 V_2} \left[\sqrt{\frac{\Delta U_1^{vap}}{V_1}} - \sqrt{\frac{\Delta U_2^{vap}}{V_2}} \right]^2 \\ &= \frac{x_1 x_2 V_1 V_2}{x_1 V_1 + x_2 V_2} \left[\delta_1^2 - \delta_2^2 \right]^2 \end{aligned} \tag{4.2.24}$$

이 된다. 여기에서 $\delta_i = \sqrt{\Delta U_i^{vap} / V_i}$ 이며 용해도 변수로 알려져 있다. 정규용액에서 $\Delta U_{mix} = U^E = G^E$이므로

$$\frac{G^E}{RT} = \frac{1}{RT}\frac{x_1 x_2 V_1 V_2}{x_1 V_1 + x_2 V_2}[\delta_1 - \delta_2]^2 = \frac{L_{12}L_{21}x_1 x_2}{x_1 L_{12} + x_2 L_{21}} \tag{4.2.25}$$

여기에서

$$L_{12} = \frac{V_1}{RT}(\delta_1 - \delta_2)^2\ ,\ \ L_{21} = \frac{V_2}{RT}(\delta_1 - \delta_2)^2 \tag{4.2.26}$$

식 4.2.25는 식 4.2.17과 매개변수의 정의만 다를 뿐 동일한 형태임을 알 수 있다. 따라서, 식 4.2.25로부터 활동도 계수를 구하면

$$\ln\gamma_1 = \frac{L_{12}}{\left[1 + \dfrac{L_{12}x_1}{L_{21}x_2}\right]^2}\ ,\ \ \ln\gamma_2 = \frac{L_{21}}{\left[1 + \dfrac{L_{21}x_2}{L_{12}x_1}\right]^2} \tag{4.2.27}$$

이 된다. 정규용액에서 과잉 깁스 에너지의 계산을 위해 van Laar가 반 데어 발스 상태식의 매개변수를 이용하였다면, Scatchard와 Hildebrand는 실험적인 내부증발 에너지 및 순수한 액체의 몰 부피를 이용한 것을 알 수 있다. 또한, 부피분율($\Phi_i = x_i V_i / \sum_i x_i V_i$)을 이용하면 Scatchard와 Hildebrand의 과잉 깁스 에너지 및 활동도 계수는 다음과 같이 나타낼 수도 있다.

$$\begin{aligned}\frac{G^E}{RT} &= \frac{1}{RT}\frac{x_1 x_2 V_1 V_2}{x_1 V_1 + x_2 V_2}[\delta_1 - \delta_2]^2 \\ &= \frac{(x_1 V_1 + x_2 V_2)}{RT}\Phi_1\Phi_2[\delta_1 - \delta_2]^2\end{aligned} \tag{4.2.28}$$

$$\begin{aligned}RT\ln\gamma_1 &= V_1\Phi_2^2[\delta_1 - \delta_2]^2 \\ RT\ln\gamma_2 &= V_2\Phi_1^2[\delta_1 - \delta_2]^2\end{aligned} \tag{4.2.29}$$

이상용액의 거동으로부터 크게 벗어나지 않는 혼합물의 경우, 이성분계 상호작용 변수 k_{ij}를 사용하여 식 4.2.29를 확장할 수 있다.

$$RT\ln\gamma_1 = V_1\Phi_2^2\left[(\delta_1-\delta_2)^2+2k_{12}\delta_1\delta_2\right]$$
$$RT\ln\gamma_2 = V_2\Phi_1^2\left[(\delta_1-\delta_2)^2+2k_{12}\delta_1\delta_2\right] \tag{4.2.30}$$

혼합물의 비이상성 때문에 과잉부피와 과잉 엔트로피가 소멸되지 않는 경우, 즉 정규용액에서 벗어난 경우에는 식 4.2.30도 큰 오차를 제공한다. 반 데어 발스 접근법 및 Scatchard와 Hildebrand 접근법을 이용한 van Laar 모델의 매개변수 예측은 정규용액이면서 비극성혼합물에 적절할 수 있다. 정규용액에서 벗어난 경우에는 순수성분의 물성값을 사용하여 매개변수를 예측하기보다는 실험적으로 측정된 값(기액평형 데이터 등)을 이용하여 회귀, 최적화 등의 방법을 통해 van Laar 식의 매개변수를 추정하여 사용하는 것이 더 효과적일 수 있다.

보기 4-3 **van Laar의 과잉 깁스 에너지 모델로부터 활동도 계수 유도**

식 4.2.17로부터 식 4.2.19를 유도하여라.

풀이

$$\frac{G^E}{RT}=\frac{A_{12}A_{21}x_1x_2}{x_1A_{12}+x_2A_{21}} \quad\Rightarrow\quad \frac{nG^E}{RT}=\frac{A_{12}A_{21}n_1n_2}{n_1A_{12}+n_2A_{21}}$$

위의 식을 성분 1의 몰수로 편미분하면

$$\ln\gamma_1=\frac{\partial}{\partial n_1}\left[\frac{A_{12}A_{21}n_1n_2}{n_1A_{12}+n_2A_{21}}\right]_{n_2}$$
$$=A_{12}A_{21}\left[\frac{n_2}{n_1A_{12}+n_2A_{21}}-\frac{n_1n_2A_{12}}{(n_1A_{12}+n_2A_{21})^2}\right]$$
$$=\frac{A_{12}A_{21}^2n_2^2}{(n_1A_{12}+n_2A_{21})^2}=\frac{A_{12}}{\left(\dfrac{n_1A_{12}}{n_2A_{21}}+1\right)^2}=\frac{A_{12}}{\left(\dfrac{x_1A_{12}}{x_2A_{21}}+1\right)^2}$$

이 된다. 같은 방법으로 과잉 깁스 에너지를 성분 2의 몰수로 편미분하면

$$\ln\gamma_2=\frac{\partial}{\partial n_2}\left[\frac{A_{12}A_{21}n_1n_2}{n_1A_{12}+n_2A_{21}}\right]_{n_1}=\frac{A_{21}}{\left(\dfrac{x_2A_{21}}{x_1A_{12}}+1\right)^2}$$

이 된다.

보기 4-4

공비점을 이용한 van Laar 식의 상수계산

Methanol(1)/Methyl acetate(2)의 이성분계는 $T=318.15$ K, $P=73.76$ kPa, $x_1=0.325$에서 공비점을 이룬다. $x_1=0.7$일 때 $P=73.76$ kPa에서 평형을 이룬다면 이때의 기상의 조성과 온도는 얼마인가? 이 이성분계는 수정된 Raoult의 법칙과 van Laar 식을 따른다고 가정하라.

풀이 수정된 Raoult의 법칙을 따르므로 공비점에서 $\gamma_i = P/P_i^{sat}$가 된다. 보기 4-1에서 $T=318.15$ K에서의 Methanol과 Methyl acetate의 증기압은 각각 44.51, 65.64 kPa이다. 따라서, 활동도 계수는 다음과 같이 계산된다.

$$\gamma_1 = \frac{73.76}{44.51} = 1.66,\ \gamma_2 = \frac{73.76}{65.64} = 1.12$$

공비점의 조성, 활동도 계수를 이용하여 van Laar 식의 상수들을 계산하면

$$A_{12} = (\ln\gamma_1)\left[1+\frac{x_2\ln\gamma_2}{x_1\ln\gamma_1}\right]^2 = \ln(1.66)\left[1+\frac{0.675\ln(1.12)}{0.325\ln(1.66)}\right]^2 = 1.11$$

$$A_{21} = (\ln\gamma_2)\left[1+\frac{x_1\ln\gamma_1}{x_2\ln\gamma_2}\right]^2 = \ln(1.12)\left[1+\frac{0.325\ln(1.66)}{0.625\ln(1.12)}\right]^2 = 1.23$$

이 된다. van Laar 식의 상수가 정해졌으로 액상의 임의의 조성에서 활동도 계수를 계산할 수 있다. 따라서, $x_1=0.7$에서 활동도 계수는 다음과 같이 주어진다.

$$\ln\gamma_1 = \frac{A_{12}}{\left[1+\dfrac{A_{12}x_1}{A_{21}x_2}\right]^2} = \frac{1.11}{\left(1+\dfrac{(1.1)(0.7)}{(1.23)(0.3)}\right)^2} = 0.12$$

$$\ln\gamma_2 = \frac{A_{21}}{\left[1+\dfrac{A_{21}x_2}{A_{12}x_1}\right]^2} = \frac{1.23}{\left(1+\dfrac{(1.23)(0.3)}{(1.1)(0.7)}\right)^2} = 0.56$$

따라서, $\gamma_1=\exp(0.12)=1.13$, $\gamma_2=\exp(0.56)=1.75$가 된다. 또한 $x_1=0.7$일 때 혼합물의 평형 압력이 73.76 kPa이므로 다음의 식을 만족한다.

$$\begin{aligned} P = y_1P + y_2P &= \gamma_1x_1P_1^{sat} + \gamma_1x_2P_2^{sat} \\ &= (1.13)(0.7)P_1^{sat} + (1.75)(0.3)P_2^{sat} \\ &= 73.76 \end{aligned}$$

P_1^{sat}, P_2^{sat}를 보기 4-1의 Antoine 식을 이용하여 온도의 함수로 치환하면 위의 식은 다음과 같이 온도에 대한 비선형 방정식이 된다.

$$73.76 = (1.13)(0.7)\exp\left(16.59158 - \frac{3643.31}{T - 33.424}\right) + (1.75)(0.3)\exp\left(14.25326 - \frac{2665.54}{T - 53.424}\right)$$

비선형 방정식의 근은 R의 rootSolve 패키지에 들어있는 multiroot( ) 함수를 이용하면 쉽게 구할 수 있다.

```
require(rootSolve)  # rootSolve 패키지 로더

# Antoine 식의 상수 A, B, C (1 성분의 상수, 2 성분의 상수)
A=c(16.59158,14.25326) #
B=c(3643.31,2665.54)
C=c(33.324,53.424)

VP=function(A,B,C,TK) exp(A-B/(TK-C)) # Antoine 식 함수 정의

# 온도에 대한 비선형 방정식 f(TK)=0 형태(TK : kelvin 단위 온도)
BublT=function(TK) 1.136*0.7*VP(A[1],B[1],C[1],TK)+
                    1.75*0.3*VP(A[2],B[2],C[2],TK)-73.76

T0=318.15 # 온도에 대한 초기치
Root=multiroot(BublT,T0) # 함수 BublT(TK)=0을 만족하는 온도 TK 찾기
Root  # 결과보기
$root  # 근
[1] 319.4099

$f.root
[1] 3.993738e-05

$iter
[1] 3

$estim.precis
[1] 3.993738e-05

TE=Root$root
TE  # 평형온도 (x1 = 0.7, P = 73.76 kPa일 때)
[1] 319.4099
Psat1=VP(A[1],B[1],C[1],TE)
Psat2=VP(A[2],B[2],C[2],TE)
Psat1 # 평형온도에서의 성분 1의 증기압
[1] 47.30232 # kPa
```

```
Psat2  # 평형온도에서의 성분 2의 증기압
[1] 68.84807  # kPa
```

위의 결과를 통해 $x_1 = 0.7$, $P = 73.76\ \mathrm{kPa}$에서의 평형온도는 319.41 K라는 것을 알 수 있으며, 이 때의 P_1^{sat}와 P_2^{sat}는 각각 47.3 kPa, 68.8 kPa이다. 따라서 기상의 조성은

$$y_1 = \frac{\gamma_1 x_1 P_1^{sat}}{P} = \frac{(1.13)(0.7)(47.3)}{73.76} = 0.51,\ y_2 = 0.49$$

이 된다.

보기 4-5

기액 평형 데이터를 이용한 van Laar 식의 상수계산

보기 4-2에서 주어진 293.15 K에서 ethyl acetate(1)/cyclohexane(2)의 기액평형 데이터를 이용하여 van Laar 식의 상수를 계산하여 활동도 계수를 추정하고 실험값과 비교해보자.

풀이 보기 4-2에서 사용하였던 동일한 방법으로 주어진 기액평형 데이터와 수정된 Raoult의 법칙을 이용하여 활동도 계수를 계산한다. 보기 4-2에서는 목적함수(OBJ)를 과잉 깁스 에너지를 이용하여 설정하였지만 여기서는 활동도 계수를 이용하여 다음과 같이 설정해 보자.

$$OBJ = \sum\left[\left(\frac{\gamma_1^{\exp} - \gamma_1^{calc}}{\gamma_1^{\exp}}\right)^2 + \left(\frac{\gamma_2^{\exp} - \gamma_2^{calc}}{\gamma_2^{\exp}}\right)\right]^2$$

실험을 통해 측정된 활동 계수 $\gamma_i^{\exp}$과 모델을 통해 예측된 활동도 계수 γ_i^{calc}의 차이를 이용하여 목적함수를 구성하였으며 목적함수를 최소화 시키는 모델(van Laar 식)의 매개변수를 계산하면 된다. 여기서는 매개변수의 추정을 위해 R의 함수 optim( ) 이용해보도록 한다. van Laar 식의 매개변수가 계산되면 식 4.2.19를 이용하여 활동도 계수를 예측할 수 있다.

```
# 보기 4-2에서 주어진 기액 평형 실험데이터의 입력

P=c(10.386, 11.132, 11.666, 12.199, 12.959, 13.732, 13.919, 14.066,
    14.132, 14.132, 14.052, 13.719, 12.946, 12.026, 10.986, 9.786)
x1=c(0, 0.025, 0.050, 0.075, 0.144, 0.218, 0.274, 0.347, 0.406, 0.494,
    0.575, 0.690, 0.787, 0.887, 0.984, 1)
y1=c(0, 0.075, 0.148, 0.197, 0.286, 0.350, 0.390, 0.425, 0.442,
    0.476, 0.505, 0.556, 0.619, 0.730, 0.840, 1)
n=length(x1)
```

```
# 기액평형 데이터로부터 활동도 계수 계산
gam1=y1*P/(x1*P[n])
gam2=(1-y1)*P/((1-x1)*P[1])

# 목적함수(OF)에서는 성분 1과 2의 활동도 모두가 필요하므로
# 수정된 Raoult의 법칙으로부터 활동도 계수값을 계산할 수 없는
# x1 = 0 (γ1 계산불능), x1 = 1 (γ2 계산불능)의 경우는 제외
gam1=gam1[-c(1,n)]
gam2=gam2[-c(1,n)]
x1=x1[-c(1,n)]

x2=1-x1
gamdat=cbind(x1,x2,gam1,gam2)
gamdat # 실험 데이터로부터 계산된 각 조성에서의 활동도 계수값
          x1    x2      gam1      gam2
 [1,] 0.025 0.975 3.4126303  1.016862
 [2,] 0.050 0.950 3.5286491  1.007371
 [3,] 0.075 0.925 3.2743416  1.019647
 [4,] 0.144 0.856 2.6300852  1.040753
 [5,] 0.218 0.782 2.2528908  1.098986
 [6,] 0.274 0.726 2.0244957  1.126038
 [7,] 0.347 0.653 1.7604547  1.192551
 [8,] 0.406 0.594 1.5721524  1.278213
 [9,] 0.494 0.506 1.3914847  1.409081
[10,] 0.575 0.425 1.2611201  1.575818
[11,] 0.690 0.310 1.1296475  1.891888
[12,] 0.787 0.213 1.0405101  2.229629
[13,] 0.887 0.113 1.0113820  2.766675
[14,] 0.984 0.016 0.9583377 10.577701

# van Laar 식의 이용한 활동도 계수 예측 함수 정의
gam1c=function(A12,A21) exp(A12/(1+A12*x1/(A21*x2))^2)
gam2c=function(A12,A21) exp(A21/(1+A21*x2/(A12*x1))^2)
```

#목적함수의 정의 $OF=\sum\left[\left(\frac{\gamma_1^{\exp}-\gamma_1^{calc}}{\gamma_1^{\exp}}\right)^2+\left(\frac{\gamma_2^{\exp}-\gamma_2^{calc}}{\gamma_2^{\exp}}\right)\right]^2$

```
OF=function(x){
  A12=x[1];A21=x[2]
  return(sum(((gam1-gam1c(A12,A21))/gam1)^2+
             ((gam2-gam2c(A12,A21))/gam2)^2))
}
```

```
# optim( ) 함수를 이용한 목적함수를 최소화시키는 매개변수 A12, A21 찾기
res=optim(c(0.5,0.5),OF) # A12, A21의 초기값을 0.5로 설정
res  # 최적화 결과 보기
$par
[1] 1.279882 1.568594  # 목적함수를 최소화 시키는 A12, A21의 값

$value
[1] 0.4090823

$counts
function gradient
      67       NA

$convergence
[1] 0

$message
NULL

A12=res$par[1]
A21=res$par[2]

# 추정된 매개변수와 van Laar 식을 이용한 활동도 계수의 예측
gam1p=gam1c(A12,A21) # γ1의 추정
gam2p=gam2c(A12,A21) # γ2의 추정

# 조성, 실험 및 추정된 활동도 계수
acticoef=cbind(x1,gam1,gam1p,gam2,gam2p)
round(acticoef,3)
        x1  gam1 gam1p  gam2 gam2p
 [1,] 0.025 3.413 3.414  1.017 1.001
 [2,] 0.050 3.529 3.243  1.007 1.003
 [3,] 0.075 3.274 3.083  1.020 1.006
 [4,] 0.144 2.630 2.690  1.041 1.023
 [5,] 0.218 2.253 2.338  1.099 1.055
 [6,] 0.274 2.024 2.113  1.126 1.091
 [7,] 0.347 1.760 1.864  1.193 1.154
 [8,] 0.406 1.572 1.695  1.278 1.223
 [9,] 0.494 1.391 1.487  1.409 1.361
[10,] 0.575 1.261 1.335  1.576 1.540
[11,] 0.690 1.130 1.175  1.892 1.920
```

```
[12,] 0.787 1.041 1.083  2.230 2.422
[13,] 0.887 1.011 1.024  2.767 3.233
[14,] 0.984 0.958 1.000 10.578 4.517
```

```
# 활동도 계수의 실험값과 추정값의 비교를 위한 그래프 작성
x11()
plot(x1,log(gam1),ylim=c(0,2.5),ylab="",xlab="Mole fraction of ethyl acetate",lwd=1.5)
lines(x1,log(gam1p))
par(new=TRUE)
plot(x1,log(gam2),ylim=c(0,2.5),ylab="",xlab="",lwd=1.5)
lines(x1,log(gam2p))

text(0.3,1.1,expression(paste("ln",gamma[1],sep="")))
arrows(0.25,1.1,0.1,1.1,length=0.1)
text(0.65,1.0,expression(paste("ln",gamma[2],sep="")))
arrows(0.70,1.0,0.8,1.0,length=0.1)
```

위에서 기액평형 실험 데이터로부터 van Laar 식의 상수는 $A_{12}=1.280$, $A_{21}=1.569$로 계산되었다. 목적함수의 형태에 따라 계산되는 A_{12}, A_{21}의 값은 약간의 차이가 있지만 그림 4.2에서 나타난 바와 같이 농도가 0으로 가까워질수록 예측값이 실험값과 잘 일치하지 않는다. 따라서, 이 기액평형계의 거동을 설명하기 위해서는 좀 더 정교한 모델이 필요함을 알 수 있다.

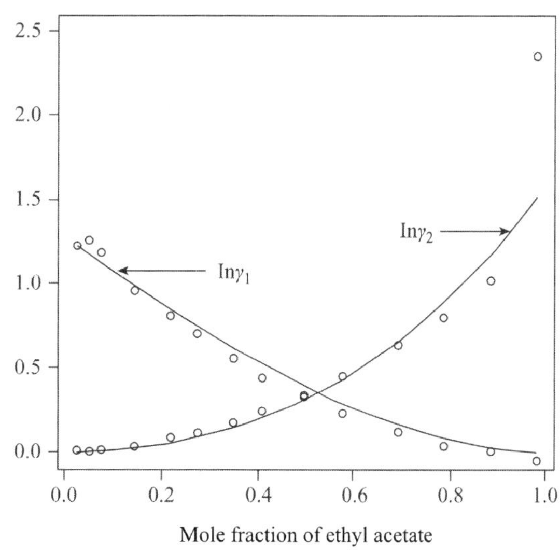

그림 4.2 ethyl acetate(1)/cyclohexane(2) 계에서 실험적 측정된 활동도 계수 (빈 원)와 van Laar 식에 의해 예측된 활동도 계수(실선).

4.3 Flory-Huggins 이론

용액의 비이상 거동을 나타내는 활동도 계수를 계산하기 위해 van Laar 이론과 Scatchard-Hildebrand 이론에서는 과잉 부피와 과잉 엔트로피가 무시되는($V^E=0$, $S^E=0$) 정규용액을 가정하였다. 이제 과잉 엔트로피가 0이라는 조건을 완화해 보자. 이상용액의 혼합과정에서의 엔트로피 변화는 다음과 같이 주어진다.

$$\begin{aligned}\Delta S_{mix}^{id} &= S^{id} - \sum_i x_i S_i \\ &= (\sum_i x_i S_i - R\sum_i x_i \ln x_i) - \sum_i x_i S_i \\ &= -R\sum_i x_i \ln x_i\end{aligned} \tag{4.3.1}$$

위의 식은 이상기체를 혼합할 때 일어나는 엔트로피 변화를 구하는 과정을 반영한 결과이다. 이상기체의 경우 분자들이 차지하는 부피는 전체 부피에 비해 무시되지만, 액체의 경우 분자들의 부피는 전체 부피에 상당 부분을 차지하며, 분자 하나가 차지하는 부피 영역은 다른 분자가 차지할 수 없다. 즉, 분자사이에 구분이 없는 이상용액의 경우가 아니라면 이상기체에 적용한 엔트로피 가정을 액체에 그대로 적용하기가 곤란하다. 이러한 점을 보정하기 위해 '자유부피(free volume)'의 개념을 도입한다. 자유 부피는 액체 전체의 부피에서 분자들이 차지하고 있는 부피를 뺀 것을 말한다. 즉, 액체 전체의 부피에서 분자들이 촘촘하게 채워졌을 때의 최소 부피를 제외한 것이 자유부피에 해당한다. 이 개념을 사용하여 모든 액체에 대해 전체적인 자유부피 분율 λ가 존재한다고 가정할 수 있으며, 이 자유부피 분율은 모든 액체 성분들이나 혼합물에서 동일하다고 하자. 이 경우, 자유부피를 이상기체에서의 부피와 같이 취급하면 어떤 성분의 엔트로피 변화는 그 성분에 대한 자유부피의 변화로서 발생한다고 생각할 수 있다. 순수성분 i의 몰부피가 V_i이고 몰수가 n_i일 때 자유부피 $V_{f,i}$는 다음과 같이 주어진다.

$$V_{f,i} = n_i V_i \lambda \tag{4.3.2}$$

혼합에 의한 부피변화가 없을 경우, 이성분계 자유부피는 다음과 같다.

$$V_{f,m} = (n_1 V_1 + n_2 V_2)\lambda$$

여기에서 $V_{f,m}$는 혼합물의 자유부피에 해당한다. 혼합에 의한 부피변화가 없는 이상기체나 이상용액의 경우, 혼합에 의한 성분 i의 엔트로피의 변화는 식 3.1.13에 의해 다음과 같이 주어진다.

$$\overline{S}_i^{id} = S_i - R\ln x_i \tag{3.1.13}$$

이상용액에서 몰분율 x_i는 성분 i의 부피 분율과 같다. 따라서, 식 3.1.13은 혼합에 의한 부피의 변화가 엔트로피의 변화를 초래함을 의미한다. 비이상용액의 혼합과정에서의 엔트로피 변화를 계산하기 위해서는 식 3.1.13에서 몰분율 x_i 대신에 성분 i의 자유부피와 혼합물의 자유부피의 비를 대입하면 된다.

$$\begin{aligned} \overline{S}_i - S_i &= -R\ln\frac{n_i V_{f,i}}{V_{f,m}} = -R\ln\frac{n_i V_i \lambda}{\sum_i n_i V_i \lambda} = -R\ln\frac{n_i V_i}{\sum_i n_i V_i} \\ &= -R\ln\Phi_i \end{aligned} \tag{4.3.3}$$

$$\begin{aligned} \Delta S_{mix} &= S - \sum_i x_i S_i = \sum_i x_i \overline{S}_i - \sum_i x_i S_i = \sum_i x_i(\overline{S}_i - S_i) \\ &= -R\sum_i x_i \ln\Phi_i \end{aligned} \tag{4.3.4}$$

여기에서 Φ_i는 성분 i의 부피 분율에 해당하며 순수성분이나 혼합물에서 자유부피 분율은 λ로 일정하기 때문에 혼합물의 자유부피 가운데서 성분 i가 차지하는 자유부피 분율은 부피분율과 동일하게 Φ_i가 된다. 식 4.3.4를 이상용액에 적용하면

$$\begin{aligned} \Delta S_{mix}^{id} &= S^{id} - \sum_i x_i S_i = \sum_i x_i \overline{S}_i^{id} - \sum_i x_i S_i = \sum_i x_i(\overline{S}_i^{id} - S_i) \\ &= -R\sum_i x_i \ln x_i \end{aligned} \tag{4.3.5}$$

가 된다. 식 4.3.4에서 식 4.3.5를 뺀 후 정리하면

$$\begin{aligned} \Delta S_{mix} - \Delta S_{mix}^{id} &= S^E = -R\sum_i x_i \ln\Phi_i - (-R\sum_i x_i \ln x_i) \\ &= -R\sum_i x_i \ln\left(\frac{\Phi_i}{x_i}\right) \end{aligned} \tag{4.3.6}$$

이 된다. 식 4.3.6은 이상용액으로부터 엔트로피의 편차를 나타내고 있으며 혼합 배열 엔트로피(configuration entropy of mixing)라고도 부르는데, 일정한 에너지에서 분자 배열변화에 의한 엔트로피 변화를 나타낸다. 과잉 엔탈피가 0일 때 이성분계의 과잉

몰 깁스에너지는 다음과 같이 엔트로피 기여부분만 남게 된다.

$$G^E = H^E - TS^E = -TS^E = RT\left(x_1 \ln \frac{\Phi_1}{x_1} + x_2 \ln \frac{\Phi_2}{x_2}\right) \tag{4.3.7}$$

Scatchard-Hildebrand 이론에서의 과잉 깁스 에너지에서는 과잉 엔트로피 부분이 무시되었다. 따라서, 혼합과정에서의 에너지 변화와 엔트로피 변화를 모두 고려하기 위해 Flory-Huggins는 식 4.2.29와 식 4.3.7을 결합하였다.

$$\begin{aligned} G^E &= H^E - TS^E \\ &= RT\left(x_1 \ln \frac{\Phi_1}{x_1} + x_2 \ln \frac{\Phi_2}{x_2}\right) + \Phi_1 \Phi_2 (\delta_1 - \delta_2)^2 (x_1 V_1 + x_2 V_2) \end{aligned} \tag{4.3.8}$$

식 4.3.8로부터 각 성분에 대한 활동도 계수를 구하면

$$\ln \gamma_1 = \ln\left(\frac{\Phi_1}{x_1}\right) + \left(1 - \frac{\Phi_1}{x_1}\right) + \frac{V_1}{RT} \Phi_2^2 (\delta_1 - \delta_2)^2 \tag{4.3.9}$$

$$\ln \gamma_2 = \ln\left(\frac{\Phi_2}{x_2}\right) + \left(1 - \frac{\Phi_2}{x_2}\right) + \frac{V_2}{RT} \Phi_1^2 (\delta_1 - \delta_2)^2 \tag{4.3.10}$$

이 된다. 식 4.3.8에 나타난 Flory-Huggins 식은 고분자와 같은 거대 분자를 함유하는 용액의 거동해석에 중요한 역할을 한다. 고분자와 용매의 혼합물의 경우, 엔탈피 항을 실험 자료에 맞추기 위해 종종 Flory-Huggins 식을 다음과 같이 나타내기도 한다.

$$G^E = RT\left(x_1 \ln \frac{\Phi_1}{x_1} + x_2 \ln \frac{\Phi_2}{x_2}\right) + \Phi_1 \Phi_2 (x_1 + r x_2) \chi RT \tag{4.3.11}$$

여기에서 성분 1은 항상 용매이며 성분 2는 고분자를 나타낸다. 또한, 용매 1과 고분자 2의 부피비 r과 Flory-Huggins 상호작용 매개변수 χ는 다음과 같이 정의된다.

$$r = \frac{V_2}{V_1}, \quad \chi = \frac{V_1 (\delta_1 - \delta_2)^2}{RT} \tag{4.3.12}$$

식 4.4.11의 과잉 깁스 에너지 모델로부터 용매와 고분자에 대한 활동도 계수를 계산하면 다음과 같다.

$$\ln\gamma_1 = \ln\frac{\Phi_1}{x_1} + \left(1 - \frac{1}{r}\right)\Phi_2 + \chi\Phi_2^2 \tag{4.3.13}$$

$$\ln\gamma_2 = \ln\frac{\Phi_2}{x_2} - (r-1)\Phi_1 + \chi r\Phi_1^2 \tag{4.3.14}$$

보기 4-6 **Flory-Huggins 식으로부터 활동도 계수의 유도**

식 4.3.11로부터 식 4.3.13, 4.3.14를 유도하여라.

풀이 식 4.3.11에 n을 곱한 뒤 RT로 나누면

$$\begin{aligned}\frac{nG^E}{RT} &= n_1\ln\frac{\Phi_1}{x_1} + n_2\ln\frac{\Phi_2}{x_2} + \Phi_1\Phi_2(n_1 + rn_2)\chi \\ &= n_1\ln\Phi_1 + n_2\ln\Phi_2 + \frac{rn_1n_2\chi}{n_1 + rn_2} - \left(n_1\ln\frac{n_1}{n} + n_2\ln\frac{n_2}{n}\right)\end{aligned}$$

가 된다. 여기에서 부피분율은 다음과 같이 나타낼 수 있다.

$$\Phi_1 = \frac{n_1V_1}{n_1V_1 + n_2V_2} = \frac{n_1}{n_1 + (V_2/V_1)n_2} = \frac{n_1}{n_1 + rn_2}$$

$$\Phi_2 = \frac{n_2V_2}{n_1V_1 + n_2V_2} = \frac{n_2(V_2/V_1)}{n_1 + n_2(V_2/V_1)} = \frac{rn_2}{n_1 + rn_2}$$

위의 부피분율에 대해 편미분을 구해보자.

$$\frac{\partial}{\partial n_1}(\Phi_1)_{n_2} = \frac{\partial}{\partial n_1}\left[\frac{n_1}{n_1 + rn_2}\right]_{n_2} = \frac{1}{n_1 + rn_2} - \frac{n_1}{(n_1 + rn_2)^2} = \frac{rn_2}{(n_1 + rn_2)^2} = \frac{\Phi_1\Phi_2}{n_1}$$

$$\frac{\partial}{\partial n_2}(\Phi_1)_{n_1} = \frac{\partial}{\partial n_2}\left[\frac{n_1}{(n_1 + rn_2)}\right]_{n_1} = -\frac{rn_1}{(n_1 + rn_2)^2} = -\frac{\Phi_1\Phi_2}{n_2}$$

$$\frac{\partial}{\partial n_1}(\Phi_2)_{n_2} = \frac{\partial}{\partial n_1}\left[\frac{rn_2}{n_1 + rn_2}\right]_{n_2} = -\frac{rn_2}{(n_1 + rn_2)^2} = -\frac{\Phi_1\Phi_2}{n_1}$$

$$\frac{\partial}{\partial n_2}(\Phi_2)_{n_1} = \frac{\partial}{\partial n_2}\left[\frac{rn_2}{n_1 + rn_2}\right]_{n_1} = \frac{r}{(n_1 + rn_2)} - \frac{r^2n_2}{(n_1 + rn_2)^2} = \frac{rn_1}{(n_1 + rn_2)^2} = \frac{\Phi_1\Phi_2}{n_2}$$

또한, 다음 식이 성립한다.

$$\frac{\partial}{\partial n_1}\left[n_1 \ln\frac{n_1}{n}+n_2\ln\frac{n_2}{n}\right]_{n_2}=\ln\frac{n_1}{n}+n_1\left(\frac{n}{n_1}\right)\left(\frac{1}{n}-\frac{n_1}{n^2}\right)+n_2\left(\frac{n}{n_2}\right)\left(-\frac{n_2}{n^2}\right)$$

$$=\ln\frac{n_1}{n}=\ln x_1$$

$$\frac{\partial}{\partial n_2}\left[n_1 \ln\frac{n_1}{n}+n_2\ln\frac{n_2}{n}\right]_{n_1}=n_1\left(\frac{n}{n_1}\right)\left(-\frac{n_1}{n^2}\right)+\ln\frac{n_2}{n}+n_2\left(\frac{n}{n_2}\right)\left(\frac{1}{n}-\frac{n_2}{n^2}\right)$$

$$=\ln\frac{n_2}{n}=\ln x_2$$

위의 편미분의 결과를 이용하여 과잉 깁스 에너지를 편미분해보자.

$$\ln\gamma_1=\frac{\partial}{\partial n_1}\left[\frac{G^E}{RT}\right]_{n_2}$$

$$=\ln\Phi_1+(n_1)\left(\frac{1}{\Phi_1}\right)\frac{\partial}{\partial n_1}(\Phi_1)+n_2\left(\frac{1}{\Phi_2}\right)\frac{\partial}{\partial n_1}(\Phi_2)+\frac{(rn_2)^2\chi}{(n_1+rn_2)^2}-\ln x_1$$

$$=\ln\frac{\Phi_1}{x_1}+\left[\frac{n_1}{\Phi_1}-\frac{n_2}{\Phi_2}\right]\left(\frac{\Phi_1\Phi_2}{n_1}\right)+\Phi_2^2\chi$$

$$=\ln\frac{\Phi_1}{x_1}+\left(1-\frac{1}{r}\right)\Phi_2+\Phi_2^2\chi$$

$$\ln\gamma_2=\frac{\partial}{\partial n_2}\left[\frac{G^E}{RT}\right]_{n_1}$$

$$=n_1\left(\frac{1}{\Phi_1}\right)\frac{\partial}{\partial n_2}(\Phi_1)+\ln\Phi_2+n_2\left(\frac{1}{\Phi_2}\right)\frac{\partial}{\partial n_2}(\Phi_2)+\frac{rn_1^2\chi}{(n_1+rn_2)^2}-\ln x_2$$

$$=\ln\frac{\Phi_2}{x_2}-\left(\frac{n_1}{\Phi_1}-\frac{n_2}{\Phi_2}\right)\frac{\Phi_1\Phi_2}{n_2}+\Phi_1^2 r\chi$$

$$=\ln\frac{\Phi_2}{x_2}-(r-1)\Phi_1+\Phi_1^2 r\chi$$

4.4 Wislon 모델

Wilson은 용액의 비이상성을 분자 사이의 인력 차이에 의한 미시적 수준에서의 분자 재배열에 기인하다고 가정하였다. 중심 분자와 인력이 강한 분자들은 인력이 약한 분자들보다 중심 분자 근처에 존재할 확률이 높다. 이러한 국부조성(local composition)은 전체조성(bulk composition)과 다르다. 국부조성은 극성 및 수소결합과 같은 특수한 상호작용들로 인해 초래될 수 있으며, 이로 인해 분자배열의 질서(nonrandomness)가 유도되어 이차 혼합규칙이 성립하지 않는다고 가정할 수 있다. 이러한 가설에 기초한 과잉 깁스 에너지 모델을 국부조성 이론(local composition theory)이라고 하며, Wilson에 의해 처음으로 도입되었다. 이 이론을 이해하기 위해 성분 1, 2로 이루어진 이성분계에서 국부조성의 명명법부터 살펴보자.

표 4.1 국부조성 이론에 나타나는 변수들의 명명법

성분 1의 분자 주위의 조성	성분 2의 분자 주위의 조성
x_{21} : "1" 주위의 "2"의 몰 분율	x_{12} : "2" 주위의 "1"의 몰 분율
x_{11} : "1" 주위의 "1"의 몰 분율	x_{22} : "2" 주위의 "2"의 몰 분율
국부 몰 수지식, $x_{21}+x_{11}=1$	국부 몰 수지식, $x_{22}+x_{12}=1$

두 종류의 분자 1과 2 사이에는 세 가지 종류의 상호작용이 존재한다. 즉, 같은 분자 사이의 상호작용과 서로 다른 분자 사이의 상호작용이다. 분자종 1에 속한 분자끼리의 상호작용 에너지를 ϵ_{11}, 분자종 2에 속한 분자끼리의 상호작용 에너지를 ϵ_{22}, 분자종 1과 2 사이의 상호작용 에너지를 ϵ_{12}라 하자. 중심 분자 1 주위에 분자종 1이 분포할 확률은 볼츠만 법칙에 따라 $e^{-\epsilon_{11}/RT}$에 비례하며, 분자종 2가 분포할 확률은 $e^{-\epsilon_{21}/RT}$에 비례하므로 중심 분자 1 주위의 분자종 1에 대한 국부조성 x_{11}은 다음과 같이 표현될 수 있다.

$$x_{11}=\frac{x_1\exp(-\epsilon_{11}/RT)}{x_1\exp(-\epsilon_{11}/RT)+x_2\exp(-\epsilon_{21}/RT)} \tag{4.4.1}$$

동일한 방식으로 중심 분자 1 주위의 있는 성분 2에 대한 국부조성은

$$x_{21} = \frac{x_2 \exp(-\epsilon_{21}/RT)}{x_1 \exp(-\epsilon_{11}/RT) + x_2 \exp(-\epsilon_{21}/RT)} \tag{4.4.2}$$

이 된다. 식 4.4.1과 4.4.2를 일반화 시키면 i 분자종 주위의 j 분자종의 국부조성은 다음과 같다.

$$x_{ji} = \frac{x_j \exp(-\epsilon_{ji}/RT)}{\sum_k x_k \exp(-\epsilon_{ki}/RT)} \tag{4.4.3}$$

분자종에 대한 몰부피가 알려져 있다면 국부조성으로터 국부부피 분율을 계산할 수 있다.

$$\Phi_{11} = \frac{x_{11} V_1}{x_{11} V_1 + x_{21} V_2} = \frac{x_1 V_1 \exp(-\epsilon_{11}/RT)}{x_1 V_1 \exp(-\epsilon_{11}/RT) + x_2 V_2 \exp(-\epsilon_{21}/RT)} \tag{4.4.4}$$

$$\Phi_{21} = \frac{x_{21} V_2}{x_{11} V_1 + x_{21} V_2} = \frac{x_2 V_2 \exp(-\epsilon_{21}/RT)}{x_1 V_1 \exp(-\epsilon_{11}/RT) + x_2 V_2 \exp(-\epsilon_{21}/RT)} \tag{4.4.5}$$

여기에서 Φ_{11}, Φ_{21}은 각각 분자종 1 주위의 분자종 1과 2의 국부 부피분율을 나타내며, V_1, V_2는 분자종 1과 2의 몰부피이다. 국부 부피분율도 식 4.4.3과 같이 일반화 시키면 다음과 같이 나타낼 수 있다.

$$\Phi_{ji} = \frac{x_j V_j \exp(-\epsilon_{ji}/RT)}{\sum_k x_k V_k \exp(-\epsilon_{ki}/RT)} \tag{4.4.6}$$

Wilson은 Flory-Huggins 이론에서 과잉 엔트로피가 부피분율에 의해 결정되는 것(식 4.3.6)과 같이 과잉 엔트로피가 국부 부피분율에 의해 결정된다고 가정하였다.

$$S^E = -R \sum_i x_i \ln \frac{\Phi_{ii}}{x_i} \tag{4.4.7}$$

다른 과잉 에너지 기여부분을 무시할 때 Wilson의 과잉 깁스 에너지는 $-TS^E$가 되어 다음과 같다.

$$G^E = -TS^E = RT \sum_i x_i \ln \frac{\Phi_{ii}}{x_i} \tag{4.4.8}$$

위의 식을 이성분계에 적용하면

$$G^E = RT\left[x_1 \ln\frac{\Phi_{11}}{x_1} + x_2 \ln\frac{\Phi_{22}}{x_2}\right] \tag{4.4.9}$$

이 된다. 식 4.4.6을 이용하여 Φ_{11}/x_1과 Φ_{22}/x_2를 계산하면

$$\begin{aligned}\frac{\Phi_{11}}{x_1} &= \frac{V_1 \exp(-\epsilon_{11}/RT)}{x_1 V_1 \exp(-\epsilon_{11}/RT) + x_2 V_2 \exp(-\epsilon_{21}/RT)} \\ &= \frac{1}{x_1 + x_2 (V_2/V_1) \exp(-(\epsilon_{21} - \epsilon_{11})/RT} \\ &= \frac{1}{x_1 + x_2 \Lambda_{12}}\end{aligned} \tag{4.4.10}$$

$$\begin{aligned}\frac{\Phi_{22}}{x_2} &= \frac{V_2 \exp(-\epsilon_{22}/RT)}{x_1 V_1 \exp(-\epsilon_{12}/RT) + x_2 V_2 \exp(-\epsilon_{22}/RT)} \\ &= \frac{1}{x_1 (V_1/V_2) \exp(-(\epsilon_{12} - \epsilon_{22})/RT + x_2} \\ &= \frac{1}{x_1 \Lambda_{21} + x_2}\end{aligned} \tag{4.4.11}$$

여기에서 $\Lambda_{12} = (V_2/V_1)\exp(-(\epsilon_{21} - \epsilon_{11})/RT)$, $\Lambda_{21} = (V_1/V_2)\exp(-(\epsilon_{12} - \epsilon_{22})/RT)$이다. $\epsilon_{12} = \epsilon_{21}$이므로 $\lambda_{12} = \epsilon_{12} - \epsilon_{11}, \lambda_{21} = \epsilon_{12} - \epsilon_{22}$로 두면

$$\begin{aligned}\Lambda_{12} &= \left(\frac{V_2}{V_1}\right)\exp(-\lambda_{12}/RT) \\ \Lambda_{21} &= \left(\frac{V_1}{V_2}\right)\exp(-\lambda_{21}/RT)\end{aligned} \tag{4.4.12}$$

이 된다. 매개변수 λ_{12}, λ_{21}은 실험 데이터로부터 측정되며 대부분 경우에 온도에 영향을 받지 않는다고 가정된다. 따라서, 이들 매개변수가 측정된 온도와 큰 차이가 나지 않는 온도범위에서는 λ_{12}, λ_{21}은 일정하다고 간주할 수 있는 장점이 있다. 식 4.4.11, 4.4.12의 결과를 이용하면 식 4.4.9는 다음과 같이 나타낼 수 있다.

$$\frac{G^E}{RT} = -x_1 \ln(x_1 + x_2\Lambda_{12}) - x_2 \ln(x_1\Lambda_{21} + x_2) \tag{4.4.13}$$

위의 식을 다성분계로 일반화시키면

$$\frac{G^E}{RT} = -\sum_i x_i \ln\left(\sum_i x_k \Lambda_{ik}\right) \tag{4.4.14}$$

이 된다. 여기에서 $\Lambda_{ik} = (V_k/V_i)\exp(-\lambda_{ik}/RT)$이며, $\Lambda_{ik} \neq \Lambda_{ki}$, $\Lambda_{ii} = 1$이다. 식 4.4.13으로부터 성분 1에 대한 활동도 계수를 구하여보자.

$$\ln \gamma_1 = \left[\frac{\partial (nG^E/RT)}{\partial n_1}\right]_{P,T,n_2} \tag{4.4.15}$$

$$= \frac{\partial}{\partial n_1}\left[-n_1 \ln\left(\frac{n_1}{n} + \frac{n_2}{n}\Lambda_{12}\right) - n_2 \ln\left(\frac{n_1}{n}\Lambda_{21} + \frac{n_2}{n}\right)\right]_{n_2}$$

$$= -\ln\left(\frac{n_1}{n} + \frac{n_2}{n}\Lambda_{12}\right) - n_1\left(\frac{1}{n_1/n + n_2\Lambda_{12}/n}\right)\left(\frac{1}{n} - \frac{n_1}{n^2} - \frac{n_2}{n^2}\Lambda_{12}\right)$$

$$- n_2\left(\frac{1}{n_1\Lambda_{21}/n + n_2/n}\right)\left(\frac{\Lambda_{21}}{n} - \frac{n_1\Lambda_{21}}{n^2} - \frac{n_2}{n^2}\right)$$

$$= -\ln\left(\frac{n_1}{n} + \frac{n_2}{n}\Lambda_{12}\right) - \frac{n_1}{n_1 + n_2\Lambda_{12}}\left[1 - \frac{(n_1 + n_2\Lambda_{12})}{n}\right]$$

$$- n_2\left(\frac{1}{n_1\Lambda_{21}/n + n_2/n}\right)\left(\frac{\Lambda_{21}}{n} - \frac{n_1\Lambda_{21}}{n^2} - \frac{n_2}{n^2}\right)$$

$$= -\ln\left(\frac{n_1}{n} + \frac{n_2}{n}\Lambda_{12}\right) - \left(\frac{n_1}{n_1 + n_2\Lambda_{12}}\right) + \frac{n_1}{n} - \left(\frac{n_2\Lambda_{21}}{n_1\Lambda_{21} + n_2}\right) + \frac{n_2}{n}$$

$$= 1 - \ln(x_1 + x_2\Lambda_{12}) - \frac{x_1}{x_1 + x_2\Lambda_{12}} - \frac{x_2\Lambda_{21}}{x_1\Lambda_{21} + x_2}$$

같은 방법으로 성분 2에 대한 활동도 계수는 다음과 같이 나타난다.

$$\ln \gamma_2 = 1 - \ln(x_1\Lambda_{21} + x_2) - \frac{x_1\Lambda_{12}}{x_1 + x_2\Lambda_{12}} - \frac{x_2}{x_1\Lambda_{21} + x_2} \tag{4.4.16}$$

그런데,

$$1 - x_1/(x_1 + x_2\Lambda_{12}) = x_2\Lambda_{12}/(x_1 + x_2\Lambda_{12}) \tag{4.4.17}$$

$$1 - x_2/(x_1\Lambda_{21} + x_2) = x_1\Lambda_{21}(x_1\Lambda_{21} + x_2) \tag{4.4.18}$$

이므로 식 4.4.15와 4.4.16은 다음과 같이 나타낼 수도 있다.

$$\ln\gamma_1 = -\ln(x_1 + x_2\Lambda_{12}) + x_2\left[\frac{\Lambda_{12}}{x_1 + x_2\Lambda_{12}} - \frac{\Lambda_{21}}{x_1\Lambda_{21} + x_2}\right] \tag{4.4.19}$$

$$\ln\gamma_2 = -\ln(x_1\Lambda_{21} + x_2) - x_1\left[\frac{\Lambda_{12}}{x_1 + x_2\Lambda_{12}} - \frac{\Lambda_{21}}{x_1\Lambda_{21} + x_2}\right] \tag{4.4.20}$$

식 4.4.14로부터 편미분을 이용하여 다성분계에서 성분 i에 대한 활동도 계수에 대한 식을 유도하면 다음과 같다.

$$\ln\gamma_i = 1 - \ln\left(\sum_j x_j \ln\Lambda_{ij}\right) - \sum_k\left(\frac{x_k\Lambda_{ki}}{\sum_j x_j\Lambda_{kj}}\right) \tag{4.4.21}$$

여기에서

$$\Lambda_{ij} = \left(\frac{V_j}{V_i}\right)\exp\left(-\frac{\lambda_{ij}}{RT}\right),\ \Lambda_{ii} = \Lambda_{jj} = 1,\ \Lambda_{ij} \neq \Lambda_{ji} \tag{4.4.22}$$

Wilson은 식 4.4.8에서 보듯이 과잉 깁스 에너지에서 과잉 엔트로피 부분만을 고려하였다. Wilson 모델은 비극성, 극성 등의 혼합물 기액평형(vapor-liquid equilibria, VLE)에 광범위하게 사용되며 종종 수소결합을 포함하는 혼합물에 잘 적용된다. 또한, 매개변수가 이성분계 매개변수들로 이루어져 있기 때문에 다성분계로 응용이 쉽다. 하지만, Wilson 모델은 서로 섞이지 않는 액액평형(liquid-liquid equilibria, LLE)에는 적용될 수가 없다. 이러한 단점을 극복하고자 Wang/Chao [9]는 국부조성 기반으로 내부에너지를 다음과 같이 표현하였다.

$$U^E = \frac{1}{2}\sum_i x_i \sum_j z x_{ji}\lambda_{ij} \tag{4.4.23}$$

여기에서 z는 배위수로서 가장 가까이 이웃하는 분자의 개수에 해당하며 x_{ji}와 $\lambda_{ij}(=\epsilon_{ij}-\epsilon_{ii})$는 각각 Wilson 식의 국부조성 및 매개변수에 해당한다. 식 4.4.8과 4.4.23을 더하면

9) Wang, W.C. and Chao, K.C. Chem. Eng. Sci. 38:1483-1492, 1983.

$$G^E = U^E - TS^E = \frac{z}{2}\sum_i x_i \sum_j x_{ji}\lambda_{ij} + RT\sum_i x_i \ln\frac{\Phi_{ii}}{x_i} \tag{4.4.24}$$

이 되며 완전국부조성(complete local-composition) 모델식이라 부른다. 식 4.4.24로부터 활동도 계수에 대한 식을 구하면

$$\ln\gamma_i = \frac{1}{RT}\left(\frac{z}{2}\right)\left[\sum_j x_{ji}\lambda_{ij} + \sum_j x_j \sum_k x_{kj}\left(\frac{x_{ij}}{x_i}\right)(\epsilon_{ij} - \epsilon_{kj})\right] \tag{4.4.25}$$
$$+ 1 - \ln\left(\sum_j x_j \ln\Lambda_{ij}\right) - \sum_k\left(\frac{x_k\Lambda_{ki}}{\sum_j x_j\Lambda_{kj}}\right)$$

이 된다. 여기에서 배위수 z 값은 많은 용액에 대하여 6으로 알려져 있다. 식 4.4.25를 이성분계에 적용하여 활동도 계수에 대한 표현식을 구하면

$$\ln\gamma_1 = \frac{1}{RT}\left(\frac{z}{2}\right)\left[x_{21}^2\lambda_{12} + x_2 x_{22}\frac{x_{12}}{x_1}\lambda_{21}\right] \tag{4.4.26}$$
$$- \ln(x_1 + \Lambda_{12}x_2) + x_2\left(\frac{\Lambda_{12}}{x_1 + x_2\Lambda_{12}} - \frac{\Lambda_{21}}{x_2 + x_1\Lambda_{21}}\right)$$

$$\ln\gamma_2 = \frac{1}{RT}\left(\frac{z}{2}\right)\left[x_{12}^2\lambda_{21} + x_1 x_{11}\frac{x_{21}}{x_2}\lambda_{12}\right] \tag{4.4.27}$$
$$- \ln(x_2 + \Lambda_{21}x_1) + x_1\left(\frac{\Lambda_{12}}{x_1 + x_2\Lambda_{12}} - \frac{\Lambda_{21}}{x_2 + x_1\Lambda_{21}}\right)$$

이 된다. 완전히 섞이는 혼합물의 기액평형(VLE) 거동에서는 Wilson 모델식(식 4.4.8)이나 완전국부 모델식(식 4.4.24)은 비슷한 결과를 보이지만 완전국부 모델식은 Wilson 식이 사용될 수 없는 상분리가 일어나는 액액평형(liquid-liquid equilibria, LLE)에도 사용될 수가 있다.

액액 상평형에 적용될 수 없는 Wilson 식의 한계점을 극복하기 위한 또 다른 접근방법으로 T-K-Wilson 모델이 있다. 이 모델은 Tsubota와 Katayama [10]가 Wilson이 제안한 국부부피 분율에 근거하여 과잉 엔탈피를 구하고 이를 적분하여 과잉 깁스 에너

10) Tsuboka, T. and Katayama T. Modified Wilson equation for vapor-liquid and liquid-liquid equilibria. Journal of Chemical Engineering of Japan. 8(3): 181-186, 1975.

지에 대한 표현식을 얻었으며 이성분계에 대해 과잉 깁스 에너지는 다음과 같이 주어진다.

$$\frac{G^E}{RT} = x_1 \ln\left(\frac{x_1 + x_2 V_2/V_1}{x_1 + x_2 \Lambda_{12}}\right) + x_2 \ln\left(\frac{x_1 V_1/V_2 + x_2}{x_1 \Lambda_{21} + x_2}\right) \tag{4.4.28}$$

위의 식을 T-K-Wilson 모델이라고 하며 $V_1 = V_2$이면 Wilson 모델이 된다. T-K-Wilson 모델을 다성분계로 확장하면

$$\frac{G^E}{RT} = \sum_i x_i \left[\ln\left(\sum_j x_j V_j/V_i\right) - \ln\left(\sum_j x_j \Lambda_{ij}\right)\right] \tag{4.4.29}$$

이 된다. 식 4.4.28로부터 이성분계의 활동도 계수에 대한 표현식을 구하면

$$\ln\gamma_1 = \ln\left(\frac{x_1 + x_2 V_2/V_1}{x_1 + x_2\Lambda_{12}}\right) + x_1\left(\frac{1}{x_1 + x_2 V_2/V_1} - \frac{1}{x_1 + x_2\Lambda_{12}}\right) + x_2\left(\frac{V_1/V_2}{x_1 V_1/V_2 + x_2} - \frac{\Lambda_{21}}{x_1\Lambda_{21} + x_2}\right) \tag{4.4.30}$$

$$\ln\gamma_2 = \ln\left(\frac{x_1 V_1/V_2 + x_2}{x_1\Lambda_{21} + x_2}\right) + x_1\left(\frac{V_2/V_1}{x_1 + x_2 V_2/V_1} - \frac{\Lambda_{12}}{x_1 + x_2\Lambda_{12}}\right) + x_2\left(\frac{1}{x_1 V_1/V_2 + x_2} - \frac{1}{x_1\Lambda_{21} + x_2}\right) \tag{4.4.31}$$

T-K-Wilson 모델로부터 다성분계의 활동도 계수에 대한 일반적인 표현식을 구하면

$$\ln\gamma_i = \ln\left(\frac{\sum_j x_j V_j/V_i}{\sum_j x_j\Lambda_{ij}}\right) + \sum_k x_k\left(\frac{V_i/V_k}{\sum_j x_j V_j/V_k} - \frac{\Lambda_{ki}}{\sum_j x_j\Lambda_{kj}}\right) \tag{4.4.32}$$

이 된다. T-K-Wilson 모델을 상분리가 일어나는 다성분계의 액액평형(LLE)에 적용할 때 이성분계의 매개변수들을 이용할 수도 있지만, 의미 있는 예측결과를 얻기 위해서는 신뢰성 높은 실험데이터로부터 매개변수를 계산하는 것이 좋다.

보기 4-7 **Wilson 식을 이용한 기액평형 예측** [11)]

ethanol(1)과 butyl methyl ether(2)의 혼합물 분리를 위한 증류 칼럼(distillation column) 크기 측정을 위해 이 이성분계에 대한 338.15 K에서의 기액평형 데이터가 요구된다. 이 이성분계에 대한 323.15 K에서의 기액평형 실험 데이터가 다음과 같이 주어졌을 때 이로부터 338.15 K에서의 기액평형(Pxy)을 예측하여라. 각 성분의 액체 몰부피는 $V_1=58.67$, $V_2=119.25\ \text{cm}^3/\text{mol}$로서 일정하다고 가정한다.

323.15 K에서 ethanol(1)/butyl methyl ether(2) 계에 대한 Pxy 데이터

x_1	P(kPa)	y_1	x_1	P(kPa)	y_1
0	50.69	0	0.7352	50.52	0.4902
0.0316	52.37	0.0592	0.8124	47.49	0.5284
0.1067	53.95	0.1597	0.8525	45.52	0.6058
0.1899	55.83	0.2426	0.9091	41.41	0.6677
0.3393	56.73	0.2990	0.9542	36.75	0.7751
0.4303	56.10	0.3317	0.9820	32.49	0.8956
0.6225	53.75	0.4030	1	29.34	1
0.6649	52.74	0.4334			

풀이 과잉 깁스 에너지에 대한 Wilson 식은 온도 의존성을 가지는 매개변수가 있다. 이 성분계에서 Wilson 식의 두 매개변수는 다음과 같다.

$$\Lambda_{12}=\left(\frac{V_2}{V_1}\right)\exp(-\lambda_{12}/RT),\ \Lambda_{21}=\left(\frac{V_1}{V_2}\right)\exp(-\lambda_{21}/RT)$$

주어진 온도에서 기액평형 데이터로부터 λ_{12}/R과 λ_{21}/R 계산한 뒤 위의 식을 이용하여 관심온도에서의 매개변수 Λ_{12}와 Λ_{21}을 계산하여 기액평형 거동을 예측하면 된다. λ_{12}, λ_{21}은 온도에 따라 민감하게 변하지 않는 상수로 간주되기 때문에 기체상수 R로 나누어진 λ_{12}/R과 λ_{21}/R도 상수이며, λ_{12}/R과 λ_{21}/R은 kelvin 온도 단위로 표시되는 에너지에 해당된다.

323.15 K에서의 기액평형 데이터를 이용하여 Wilson 식의 매개변수를 추정하기 위해 목적함수를 다음과 같이 정의해 보자.

$$OBJ=\sum\left[\left(\frac{\left(\dfrac{G^E}{RT}\right)_{\exp}-\left(\dfrac{G^E}{RT}\right)_{model}}{\left(\dfrac{G^E}{RT}\right)_{\exp}}\right)\right]^2$$

위의 목적함수는 실험으로 측정된 값과 모델(Wilson 식)로 계산된 과잉 깁스 에너지 값의 오차를 이용하여 정의되었으며 목적함수를 최소화 시키는 매개변수를 찾으면 된다. 실험데이터에서 계의 압력이 낮기 때문에 활동도 계수 및 과잉 깁스 에너지를 계산하기 위해 이성분계는 수정된 Raoult의 법칙을 따른다고 가정한다. 이제 R 프로그램을 이용하여 문제를 풀어보자.

```
# 기액평형 데이터의 입력
# 목적함수가 과잉 깁스 에너지로 구성되어 있으므로 순수성분, 즉 x1 = 0, 1일 때의
# 데이터는 제외되었음
x1=c(0.0316, 0.1067, 0.1899, 0.3393, 0.4303, 0.6225, 0.6649, 0.7352, 0.8124,
0.8525, 0.9091, 0.9542, 0.9820)
y1=c(0.0592, 0.1597, 0.2426, 0.2990, 0.3317, 0.4030, 0.4334, 0.4902, 0.5284,
0.6058, 0.6677, 0.7751, 0.8956)
P=c(52.37, 53.95, 55.83, 56.73, 56.10, 53.75, 52.74, 50.52, 47.49, 45.52, 41.41,
36.75, 32.49)

# 순수성분의 증기압
Psat1=29.34  # x1 = 1일 때의 계의 압력
Psat2=50.69  # x1 = 0일 때의 계의 압력

x2=1-x1
y2=1-y1

# 수정된 Raoult의 법칙을 이용한 활동도 계수의 계산
gam1=y1*P/(x1*Psat1)
gam2=y2*P/(x2*Psat2)

# 활동도 계수로부터 과잉 깁스 에너지의 계산
GE_RT=x1*log(gam1)+x2*log(gam2)

# T=323.15 K의 기액평형 데이터로부터 계산된 활동도 계수 및 과잉 깁스 에너지
# 계산 결과를 VLE 변수에 저장
VLE=cbind(x1,y1,gam1,gam2,GE_RT)
round(VLE,4)  # 소수점 아래 4 자리까지만 표시
          x1     y1   gam1   gam2  GE_RT
 [1,] 0.0316 0.0592 3.3439 1.0037 0.0417
 [2,] 0.1067 0.1597 2.7521 1.0012 0.1091
 [3,] 0.1899 0.2426 2.4309 1.0298 0.1924
 [4,] 0.3393 0.2990 1.7039 1.1874 0.2943
 [5,] 0.4303 0.3317 1.4739 1.2983 0.3156
 [6,] 0.6225 0.4030 1.1860 1.6769 0.3013
 [7,] 0.6649 0.4334 1.1717 1.7592 0.2946
 [8,] 0.7352 0.4902 1.1481 1.9188 0.2741
```

```
 [9,] 0.8124 0.5284 1.0528 2.3552 0.2025
[10,] 0.8525 0.6058 1.1025 2.4000 0.2123
[11,] 0.9091 0.6677 1.0366 2.9864 0.1321
[12,] 0.9542 0.7751 1.0175 3.5601 0.0747
[13,] 0.9820 0.8956 1.0099 3.7175 0.0333
```

```
# Wilson 모델에 의한 과잉 깁스 에너지 계산 함수
WilGibbs=function(lamda) {
  lam12=lamda[1]
  lam21=lamda[2]
  return(-x1*log(x1+lam12*x2)-x2*log(lam21*x1+x2))
}
```

목적함수의 정의 $OF=\sum\left[\left(\frac{\left(\frac{G^E}{RT}\right)_{\exp}-\left(\frac{G^E}{RT}\right)_{model}}{\left(\frac{G^E}{RT}\right)_{\exp}}\right)\right]^2$

```
OF=function(lamda) {
  sum(((GE_RT-WilGibbs(lamda))/GE_RT)^2)
}

# R의 최적화 함수 optim( )를 이용한 Wilson 모델의 두 매개변수 계산
para=optim(c(0.5,0.5),OF) # 두 매개변수(Λ12, Λ21)의 초기 값을 0.5로 설정
lamda=para$par
lamda
[1] 0.6397569 0.2588457 # 차례대로 Λ12, Λ21

# 활동도 계수의 계산을 위한 함수 정의(식 4.4.19, 4.4.20 참조)
gam_c=function(lam) {
  lam12=lam[1]
  lam21=lam[2]
  res=cbind(-log(x1+lam12*x2)+x2*(lam12/(x1+lam12*x2)-lam21/(x2+lam21*x1)),
            -log(x2+lam21*x1)-x1*(lam12/(x1+lam12*x2)-lam21/(x2+lam21*x1)))
  return(exp(res))
}
#  추정된 Λ12, Λ21를 이용하여활동도 계수의 계산
gamma=gam_c(lamda)

# 순수성분일 때의 값 첨가
x1=c(0,x1,1);x2=1-x1
y1=c(0,y1,1) ;y2=1-y1
PT=c(Psat2,P,Psat1) # 실험값
```

```
# T=323.15 K에서의 $Pxy$ 그래프 작성(그림 4.3)
x11( ) # X 윈도우창 띄우기
plot(x1,PT,xlim=c(0,1),ylim=c(25,110),xlab="x1,y1",ylab="P (kPa)") # 실험치($Px$)
par(new=TRUE)
plot(y1,PT,xlim=c(0,1),ylim=c(25,110),xlab="",ylab="")# 실험치($Py$)

# T=338.15 K에서의 기액평형 예측을 위한 Wilson 식의 매개변수 $\Lambda_{12}$, $\Lambda_{21}$ 계산
T1=324.15
V1=58.67; V2=119.25 # 각 성분의 몰부피

# T1에서의 기액평형 데이터로부터 계산된 $\Lambda_{12}$, $\Lambda_{21}$ 로부터 $\lambda_{12}$, $\lambda_{21}$의 계산
# (식 4.4.12 참조)
L12R=-log(lamda[1]*V1/V2)*T1  # $\lambda_{12}$의 계산
L21R=-log(lamda[2]*V2/V1)*T1  # $\lambda_{21}$의 계산

## 계산된 $\lambda_{12}$, $\lambda_{21}$ 로부터 T2(=338.15 K)에서 $\Lambda_{12}$, $\Lambda_{21}$ 계산
T2=338.15
lam12n=(V2/V1)*exp(-L12R/T2)
lam21n=(V1/V2)*exp(-L21R/T2)
lamda_n=c(lam12n,lam21n)
lamda_n # 338.15 K에서의 $\Lambda_{12}$, $\Lambda_{21}$의 값
```

```
[1] 0.6711194 0.2658206
```

```
# 338.15 K에 각 성분의 증기압 계산
Psat1n=10^(5.24677-(1598.673/(338.15-46.424)))*100
Psat2n=10^(4.00878-(1160.272/(338.15-53.444)))*100

# 추정된 Wilson 식의 매개변수와 수정된 Raoult의 법칙을 이용하여 계의 압력 계산
x1=seq(0,1,0.01)
x2=1-x1

# T=323.15 K에서 계의 압력 추정
gamma=gam_c(lamda)
Pcal=gamma[,1]*x1*Psat1+gamma[,2]*x2*Psat2
Pcal=gamma[,1]*x1*Psat1+gamma[,2]*x2*Psat2
y1=gamma[,1]*x1*Psat1/Pcal

# 위에서 작성된 T=323.15 K에서의 그래프에 라인 추가(모델에 의한 추정치)
lines(x1,Pcal)
lines(y1,Pcal)
```

```
# T=338.15 K에서 계의 압력 추정
gamma_n=gam_c(lamda_n)
Pcal_n=gamma_n[,1]*x1*Psat1n+gamma_n[,2]*x2*Psat2n
y1n=gamma_n[,1]*x1*Psat1n/Pcal_n

# T=338.15 K에서 Pxy 그래프 작성
par(new=TRUE) # 앞의 그래프 위에 겹쳐 그리는 옵션
plot(x1,Pcal_n,xlim=c(0,1),ylim=c(25,110),xlab="",ylab="")
par(new=TRUE)
plot(y1,Pcal_n,xlim=c(0,1),ylim=c(25,110),xlab="",ylab="")
text(0.2,50,"323.15 K")
text(0.2,103,"338.15 K")
grid( ) # 그리드 추가
```

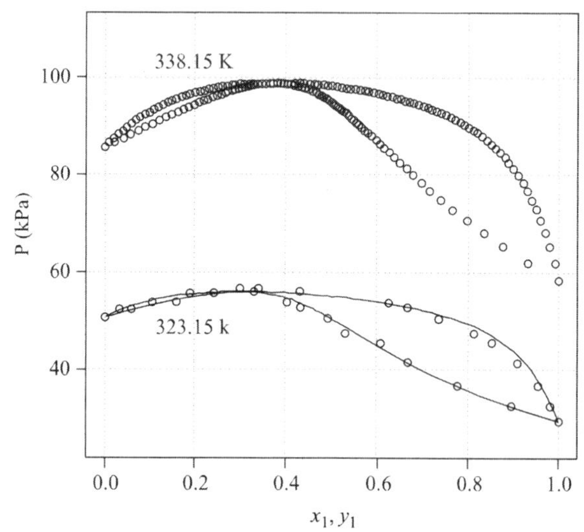

그림 4.3 ethanol(1)+butyl methyl ether(2)계의 Pxy 그래프. 323.15 K에서 실험값은 빈 원으로, Wilson 모델에 의한 추정값은 실선으로 표시되었으며, 338.15 K에서의 값은 Wilson 모델에 의한 추정값을 나타낸다.

11) Dahm, K.D. and D.P. Visco Jr. Fundamentals of Chemical Engineering Thermodynamics. (Cemgage Learning, 2015), p. 496, Example 11-5.

보기 4-8 **공비점을 이용한 T-K-Wilson 식의 매개변수 계산**

Methanol(1)와 Methyl acetate(2) 계에 대해 다음의 조건을 이용하여 T-K-Wilson 식의 매개변수(Λ_{12}, Λ_{21})를 계산하여라.

T=318.15 K, P=73.76 kPa에서 공비점을 가지며 이때의 조성은 x_1=0.325이다.

성분 1과 2의 액체 몰 부피는 각각 V_1=40.73, V_2=79.84 cm^3/mol이다.

성분 1과 2의 증기압은 다음 식으로 주어진다.

$$\ln P_1^{sat}/\text{kPa} = 16.59158 - \frac{3,643.31}{T - 33.424}$$

$$\ln P_2^{sat}/\text{kPa} = 14.25326 - \frac{2,665.54}{T/K - 53.424}$$

풀이 저압의 기액평형계이므로 수정된 Raoult의 성립한다고 가정할 수 있다. 따라서, 공비점에서 활동도 계수는 다음과 같이 주어진다.

$$\gamma_1 = \frac{P}{P_1^{sat}}, \quad \gamma_2 = \frac{P}{P_2^{sat}}$$

공비점의 온도, 압력이 주어져 있으므로 위 식을 통해 활동도 계수의 계산이 가능하다. T-K-Wilson 식에 의한 활동도 계수는 다음과 같이 주어진다.

$$\ln\gamma_1 = \ln\left(\frac{x_1 + x_2 V_{12}}{x_1 + x_2\Lambda_{12}}\right) + x_1\left(\frac{1}{x_1 + x_2 V_{12}} - \frac{1}{x_1 + x_2\Lambda_{12}}\right) + x_2\left(\frac{V_{21}}{x_1 V_{21} + x_2} - \frac{\Lambda_{21}}{x_1\Lambda_{21} + x_2}\right)$$

$$\ln\gamma_2 = \ln\left(\frac{x_1 V_{21} + x_2}{x_1\Lambda_{21} + x_2}\right) + x_1\left(\frac{V_{12}}{x_1 + x_2 V_{12}} - \frac{\Lambda_{12}}{x_1 + x_2\Lambda_{12}}\right) + x_2\left(\frac{1}{x_1 V_{21} + x_2} - \frac{1}{x_1\Lambda_{21} + x_2}\right)$$

여기에서 $V_{12} = V_2/V_1$, $V_{21} = V_1/V_2$이다. $t_1 = x_1 + x_2\Lambda_{12}$, $t_2 = x_2 + x_1\Lambda_{21}$, $u_1 = x_1 + x_2 V_{12}$, $u_2 = x_2 + x_1 V_{21}$으로 치환하면 위의 식들은 아래와 같이 나타낼 수 있다.

$$\ln\gamma_1 - \ln\frac{u_1}{t_1} - \frac{(t_1 - u_1)x_1}{u_1 t_1} - \frac{(V_{21}t_2 - \Lambda_{21}u_2)x_2}{u_2 t_2} = 0 \quad \text{(A)}$$

$$\ln\gamma_2 - \ln\frac{u_2}{t_2} - \frac{(t_2 - u_2)x_2}{u_2 t_2} - \frac{(V_{12}t_1 - \Lambda_{12}u_1)x_1}{u_1 t_1} = 0 \quad \text{(B)}$$

공비점과 주어진 정보를 이용하면 위의 식들에서 미지수는 결국 Λ_{12}, Λ_{21}이 된다. 따라서, 식 A와 B를 연립하여 두 개의 미지수 Λ_{12}, Λ_{21}을 계산하면 된다. 연립방정식의 해를 구하기 위해 R의 rootSolve 패키지에 있는 multiroot( ) 함수를 이용할 수 있다. 다른 온도에서의 Λ_{12}, Λ_{21}을 계산하기 원한다면 식 4.4.12를 이용하여 λ_{12}/R, λ_{21}/R을 계산할 수도 있다. R 프로그램을 이용하여 문제를 풀어보자.

```
# 공비점 정보
TK=318.15
x1=0.325
x2=1-x1
y1=0.325
P=73.76

# 각 성분의 액체 몰 부피
V1=40.73; V2=79.84  # cm3/mol
V12=V2/V1
V21=V1/V2

# 공비점 온도에서의 각 성분의 증기압
Psat1=exp(16.59158-3643.31/(TK-33.424))
Psat2=exp(14.25326-2665.54/(TK-53.424))

# 공비점에서의 활동도 계수 계산
gam1=P/Psat1;gam2=P/Psat2

# 식 (A), (B)를 이용한 연립방정식 정의
TKwilact=function(lamda) {
  t1=x1+lamda[1]*x2; t2=x2+lamda[2]*x1
  u1=x1+V12*x2; u2=x2+V21*x1
 c(F1=log(gam1)-log(u1/t1)-(t1-u1)*x1/(u1*t1)-(V21*t2-lamda[2]*u2)*x2/(u2*t2),
   F2=log(gam2)-log(u2/t2)-(t2-u2)*x2/(u2*t2)-(V12*t1-lamda[1]*u1)*x1/(u1*t1))
}

# multiroot( ) 함수를 이용한 연립방정식 근 계산
require(rootSolve) # multiroot( ) 함수가 들어 있는 R 패키지 로더
ss=multiroot(TKwilact,c(0.5,0.5)) # Λ12 , Λ21 의 초기치를 0.5로 설정
ss # 연립 방정식의 풀이 결과
$root
[1] 0.5608169 0.6429870  # Λ12 , Λ21 (순서대로)

$f.root
            F1            F2
-1.132732e-09 -9.322151e-11

$iter
[1] 4

$estim.precis
[1] 6.129769e-10
```

```
lam12=ss$root[1] # T-K-Wilson 식의 매개변수 Λ12
lam21=ss$root[2] # T-K-Wilson 식의 매개변수 Λ21

# Λ12, Λ21을 이용한 λ12/R, λ21/R (단위가 절대온도(K)인 에너지)
L12R=-TK*log(lam12/V12)
L21R=-TK*log(lam21/V21)

L12R   # λ12/R
[1] 398.1395  # 단위 K
L21R  # λ21/R
[1] -73.6291  # 단위 K
```

위의 코드를 통해 T-K-Wilson 식의 매개변수 Λ_{12}와 Λ_{21}은 각각 0.561, 0.643으로 추정되었다.

4.5 NRTL (Non-Random Two-Liquid) 모델

Renon과 Prausnitz[12]은 Wilson 모델을 수정하여 기액평형 뿐만 아니라 부분적으로 섞이는 액액평형에도 적용 가능한 과잉 깁스 에너지 모델을 개발하였다. Wilson 모델과 같이 국부조성을 사용하지만 에너지관련 매개변수 α가 더 추가되어 이성분계에서 분자종 1 주위의 국부조성은 다음과 같이 나타난다.

$$x_{11} = \frac{x_1 \exp(-\alpha\epsilon_{11}/RT)}{x_1 \exp(-\alpha\epsilon_{11}/RT) + x_2 \exp(-\alpha\epsilon_{21}/RT)} = \frac{x_1}{x_1 + x_2 \exp[-\alpha(\epsilon_{21} - \epsilon_{11})/RT]} \tag{4.5.1}$$

$$x_{21} = \frac{x_2 \exp(-\alpha\epsilon_{21}/RT)}{x_1 \exp(-\alpha\epsilon_{11}/RT) + x_2 \exp(-\alpha\epsilon_{21}/RT)} = \frac{x_2 \exp[-\alpha(\epsilon_{21} - \epsilon_{11})/RT]}{x_1 + x_2 \exp[-\alpha(\epsilon_{21} - \epsilon_{11})/RT]} \tag{4.5.2}$$

12) Renon, H. and Prausnitz, J.M. AIChE J. 14: 135-144, 1968.

동일한 방법으로 분자종 2 주위의 국부조성은 다음과 같다.

$$x_{22} = \frac{x_2 \exp(-\alpha\epsilon_{22}/RT)}{x_1 \exp(-\alpha\epsilon_{12}/RT) + x_2 \exp(-\alpha\epsilon_{22}/RT)} = \frac{x_2}{x_1 \exp[-\alpha(\epsilon_{12} - \epsilon_{22})/RT] + x_2} \tag{4.5.3}$$

$$x_{12} = \frac{x_1 \exp(-\alpha\epsilon_{12}/RT)}{x_1 \exp(-\alpha\epsilon_{12}/RT) + x_2 \exp(-\alpha\epsilon_{22}/RT)} = \frac{x_1 \exp(-\alpha(\epsilon_{12} - \epsilon_{22})/RT)}{x_1 \exp(-\alpha(\epsilon_{12} - \epsilon_{22})/RT + x_2} \tag{4.5.4}$$

과잉 깁스 에너지를 분자종 1과 2에 의한 기여 부분으로 나누어 생각해보자. 이를 위해 혼합물이 두 종류의 셀로 구성되어 있다고 가정하자. 즉, 중심에 분자종 1이 위치한 셀과 중심에 분자종 2가 위치한 셀을 고려해보자. 중심에 분자종 1이 위치한 셀에서 상호작용 에너지를 $\epsilon^{(1)}$이라고 할 때 이 셀에 대한 과잉성질은 $\epsilon^{(1)} - \epsilon_{11}$로 주어진다. 동일한 원리로 중심에 분자종 2가 위치한 셀의 과잉성질은 $\epsilon^{(2)} - \epsilon_{22}$이 된다. 따라서, 계의 과잉성질은 두 종류의 셀의 과잉성질의 합으로 주어질 것이다.

$$x_1(\epsilon^{(1)} - \epsilon_{11}) + x_2(\epsilon^{(2)} - \epsilon_{22}) \tag{4.5.5}$$

Renon과 Prausnitz는 위의 과잉성질을 과잉 깁스 에너지로 간주하여 다음과 같이 나타내었다.

$$G^E = x_1(\epsilon^{(1)} - \epsilon_{11}) + x_2(\epsilon^{(2)} - \epsilon_{22}) \tag{4.5.6}$$

여기에서 $\epsilon^{(1)} = x_{11}\epsilon_{11} + x_{21}\epsilon_{21}$, $\epsilon^{(2)} = x_{22}\epsilon_{22} + x_{12}\epsilon_{12}$이므로

$$\begin{aligned} G^E &= x_1(x_{11}\epsilon_{11} + x_{21}\epsilon_{21} - \epsilon_{11}) + x_2(x_{12}\epsilon_{12} + x_{22}\epsilon_{22} - \epsilon_{22}) \\ &= x_1(x_{21}\epsilon_{21} - \epsilon_{11}(1 - x_{11})) + x_2(x_{12}\epsilon_{12} - \epsilon_{22}(1 - x_{22})) \\ &= x_1 x_{21}(\epsilon_{21} - \epsilon_{11}) + x_2 x_{12}(\epsilon_{12} - \epsilon_{22}) \end{aligned} \tag{4.5.7}$$

이 된다. $\epsilon_{12} = \epsilon_{21}$이므로 $\tau_{12} = (\epsilon_{12} - \epsilon_{22})/RT$, $\tau_{21} = (\epsilon_{12} - \epsilon_{11})/RT$로 두고, 식 4.5.2와 4.5.4를 이용하여 국부조성을 제거하면 식 4.5.7은 다음과 같이 정리된다.

$$\frac{G^E}{RT} = x_1x_2\left[\frac{\tau_{21}\exp(-\alpha\tau_{21})}{x_1 + x_2\exp(-\alpha\tau_{21})} + \frac{\tau_{12}\exp(-\alpha\tau_{12})}{x_1\exp(-\alpha\tau_{12}) + x_2}\right] \tag{4.5.8}$$

식 4.5.8에서 지수부분을 $G_{ij} = \exp(-\alpha\tau_{ij})$로 두면

$$\frac{G^E}{RT} = x_1x_2\left[\frac{\tau_{21}G_{21}}{x_1 + G_{21}x_2} + \frac{\tau_{12}G_{12}}{G_{12}x_1 + x_2}\right] \tag{4.5.9}$$

이 된다. 위의 식으로 다성분계로 확장하면

$$\frac{G^E}{RT} = \sum_i x_i\left[\frac{\sum_j \tau_{ji}G_{ji}x_j}{\sum_k G_{ki}x_k}\right] \tag{4.5.10}$$

이 된다. 여기에서 $\tau_{ii} = \tau_{jj} = 0$, $G_{ii} = G_{jj} = 1$이다. 식 4.5.9로부터 이성분계 활동도 계수에 대한 표현식을 구하면

$$\ln\gamma_1 = x_2^2\left[\tau_{21}\left(\frac{G_{21}}{x_1 + x_2G_{21}}\right)^2 + \tau_{12}\left(\frac{G_{12}}{(x_2 + x_1G_{12})^2}\right)\right] \tag{4.5.11}$$

$$\ln\gamma_2 = x_1^2\left[\tau_{12}\left(\frac{G_{12}}{x_2 + x_1G_{12}}\right)^2 + \tau_{21}\left(\frac{G_{21}}{(x_1 + x_2G_{21})^2}\right)\right] \tag{4.5.12}$$

이 된다. 식 4.5.10으로부터 다성분계에서 활동도 계수에 대한 일반 표현식을 구하면

$$\ln\gamma_i = \frac{\sum_j x_j\tau_{ji}G_{ji}}{\sum_k x_kG_{ki}} + \sum_j \frac{x_jG_{ij}}{\sum_k G_{kj}x_k}\left[\tau_{ij} - \frac{\sum_m x_m\tau_{mj}G_{mj}}{\sum_k G_{kj}x_j}\right] \tag{4.5.13}$$

이 된다. 식 4.5.11, 4.5.12를 통해 NRTL 모델은 이성분계에 대해 세 개의 매개변수, 즉 τ_{12}, τ_{21}, α를 포함하고 있음을 알 수 있다. α의 값은 0.20~0.47 범위를 가지며 일반적인 값은 0.3이다. NRTL 모델은 비이상성이 높은 혼합물, 특히 상분리가 일어나는 액액평형에 사용될 수 있다.

보기 4-9 **공비점을 이용한 NRTL 모델의 매개변수 계산**

보기 4-8에서 주어진 공비점 데이터를 이용하여 NRTL의 매개변수를 계산하고, 공비온도에서 Pxy 그래프를 작성해보자. $\alpha = 0.3$으로 가정하라.

풀이 이성분계에서 NRTL 모델의 매개변수는 α, τ_{12}, τ_{21}로서 총 3개이다. α의 값이 주어져 있으므로 τ_{12}, τ_{21}만 계산하면 된다. 미지수가 두 개이므로 두 개의 식이 필요하다. NRTL 모델에 의한 각 성분의 활동도 계수는 다음과 같이 주어지므로 보기 4-8에서와 같이 연립하여 풀면 된다.

$$\ln \gamma_1 = x_2^2 \left[\tau_{21} \left(\frac{G_{21}}{x_1 + x_2 G_{21}} \right)^2 + \tau_{12} \left(\frac{G_{12}}{(x_2 + x_1 G_{12})^2} \right) \right]$$

$$\ln \gamma_2 = x_1^2 \left[\tau_{12} \left(\frac{G_{12}}{x_2 + x_1 G_{12}} \right)^2 + \tau_{21} \left(\frac{G_{21}}{(x_1 + x_2 G_{21})^2} \right) \right]$$

여기에서 각 성분의 활동도 계수는 공비점 정보로부터 계산할 수 있고, $G_{12} = \exp(-\alpha\tau_{12})$, $G_{21} = \exp(-\alpha\tau_{21})$이므로 결국 위의 식들에서 미지수는 τ_{12}, τ_{21} 밖에 없다. 여기서 연립방정식의 근은 R의 rootSolve 패키지에 있는 multiroot( ) 함수를 이용해 계산해 보도록 한다.

```
# 공비점 데이터 입력
TK=318.15   # K
x1=0.325
x2=1-x1
y1=0.325
P=73.76   # kPa

# 각 성분의 액체 몰부피
V1=40.73; V2=79.84   # cm3/mol
V12=V2/V1
V21=V1/V2

# 공비 온도에서의 각 성분의 증기압 계산
Psat1=exp(16.59158-3643.31/(TK-33.424))
Psat2=exp(14.25326-2665.54/(TK-53.424))

# 공비점에서의 활동도 계수 계산
gam1=P/Psat1;gam2=P/Psat2

# R 패키지 로더
require(rootSolve)
```

```
alpha=0.3 # 매개변수 α 값

# 연립방정식으로 구성된 함수정의
NRTLact=function(tau) {
  G12=exp(-alpha*tau[1]); G21=exp(-alpha*tau[2]) # tau12=tau[1], tau21=tau[2]
(F1=log(gam1)-x2^2*(tau[2]*(G21/(x1+x2*G21))^2+tau[1]*(G12/(x2+x1*G12)^2)),
 F2=log(gam2)-x1^2*(tau[1]*(G12/(x2+x1*G12))^2+tau[2]*(G21/(x1+x2*G21)^2)))
}

ss=multiroot(NRTLact,c(0.5,0.5)) # 연립방정식의 근 계산, τ12, τ21의 초기치로 0.5 설정
tau=ss$root
tau
[1] 0.6381523 0.5825106 # τ12, τ21의 값 (순서대로)

# 계산된 τ12, τ21을 이용하여 공비점에서의 Pxy 그래프 작성
x1=seq(0,1,0.01) # x1 조성 범위
x2=1-x1

# NRTL 모델에 의해 조성의 함수로 주어진 활동도 계수
act=function(x1,x2) {
  G12=exp(-alpha*tau[1]); G21=exp(-alpha*tau[2])
  lng1=x2^2*(tau[2]*(G21/(x1+x2*G21))^2+tau[1]*(G12/(x2+x1*G12)^2))
  lng2=x1^2*(tau[1]*(G12/(x2+x1*G12))^2+tau[2]*(G21/(x1+x2*G21)^2))
  return(cbind(exp(lng1),exp(lng2)))
}

# 각 조성에서의 활동도 계수 계산
gamma=act(x1,x2)
gam1c=gamma[,1] # γ1
gam2c=gamma[,2] # γ2

# 수정된 Raoult의 법칙을 이용한 y1의 계산 및 계의 압력 계산
y1=gam1c*x1*Psat1/(gam1c*x1*Psat1+gam2c*x2*Psat2)
Pcal=gam1c*x1*Psat1+gam2c*x2*Psat2

# NRTL 모델에 의해 예측된 Pxy 그래프 작성(그림 4.4)
x11( )
plot(x1,Pcal,ylim=c(40,80),xlim=c(0,1),xlab="x1, y1",ylab="P (kPa)")
par(new=TRUE)
plot(y1,Pcal,ylim=c(40,80),xlim=c(0,1),xlab="",ylab="")
grid( )
```

위의 코드를 통해 매개변수 τ_{12}, τ_{21}은 각각 0.638, 0.583으로 추정되었다.

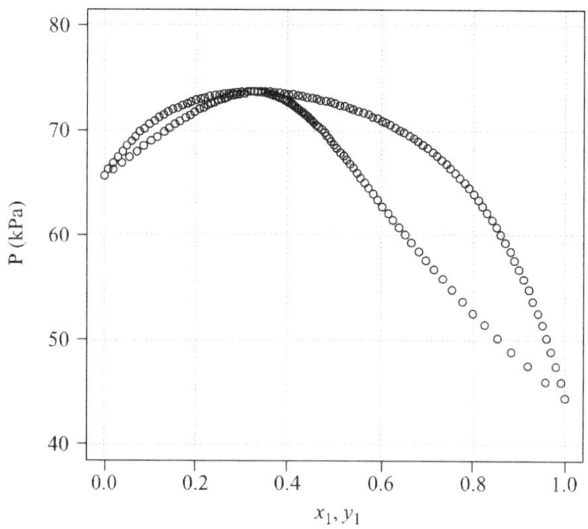

그림 4.4 T=318.15 K에서의 공비점 데이터로부터 계산된 매개변수(τ_{12}, τ_{21})와 NRTL 모델에 의해 예측된 Methanol(1)과 Methyl acetate(2) 계의 Pxy 그래프.

4.6 UNIQUAC (UNIversal QUAsi-Chemical) 모델

Abrams와 Prausnitz는 Guggenheim의 준화학 모델(quasi-chemical model)을 이용하여 강한 인력에 의한 분자들의 결집을 설명하였다[13]. 준화학 모델에서 두 분자 사이의 상호작용은 준분자(quasimolecule)와 비교된다. 예를 들면, 서로 다른 분자종 A, B로부터 형성된 준분자 AB와 준분자 AA, BB와의 결합/해리 평형을 고려해보자.

$$AA + BB \leftrightarrow 2AB \tag{4.6.1}$$

13) Abrams, D.S. and Prausnitz, J.M. Statistical Thermodynamics of Liquid Mixtures. A New Expression for the Excess Gibbs Energy of Partly or Completely Miscible Systems. AIChE J. 21:116-128, 1975.

준분자의 수, 즉 상호작용 쌍의 수(N_{AB}, N_{AA}, N_{BB})는 다음 식을 만족할 것이다.

$$\frac{N_{AB}^2}{N_{AA}N_{BB}} = \frac{1}{4}\exp\left(-\frac{(2\omega_{AB} - \omega_{AA} - \omega_{BB})}{RT}\right) \tag{4.6.2}$$

$$N_{AB} = x_A x_B \exp\left(-\frac{\omega_{AB}}{RT}\right) \tag{4.6.3}$$

식 4.6.2에서 $2\omega_{AB} - \omega_{AA} - \omega_{BB}$는 해리/결합 에너지에 해당한다. 또한, 식 4.6.3은 준분자 AB의 수 N_{AB}는 Wilson 식의 국부조성과 유사하게 사용되지만 식 4.4.1이나 4.4.2처럼 표준화과정(normalization) 없이 과잉 깁스 에너지를 나타내는데 사용된다. UNIQUAC 모델에서 과잉 깁스 에너지는 두 부분으로 나누어진다.

$$G^E = G^{E(comb)} + G^{E(res)} \tag{4.6.4}$$

여기에서 $G^{E(comb)}$는 분자의 크기 및 형상의 차이를 감안하기 위한 배열(combinatorial) 항을, $G^{E(res)}$는 분자간 상호작용을 감안하기 위한 잔류(residual) 항을 나타내며 각각 다음과 같이 정의된다.

$$\frac{G^{E(comb)}}{RT} = \sum_i x_i \ln\frac{\Phi_i}{x_i} + \frac{z}{2}\sum_i q_i x_i \frac{\theta_i}{\Phi_i} \tag{4.6.5}$$

$$\frac{G^{E(res)}}{RT} = \sum_i q_i' x_i \ln\left(\sum_j \theta_j' \tau_{ji}\right) \tag{4.6.6}$$

식 4.6.5에서 배위수를 나타내는 z의 값은 일반적으로 10으로 설정한다. 부피분율 Φ_i와 표면적분율 θ와 θ'은 다음과 같이 정의된다.

$$\Phi_i = \frac{r_i x_i}{\sum_j r_j x_j} \tag{4.6.7}$$

$$\theta_i = \frac{q_i x_i}{\sum_j q_j x_j} \tag{4.6.8}$$

$$\theta_i' = \frac{q_i' x_i}{\sum_j q_j' x_j} \tag{4.6.9}$$

위의 식들에서 매개변수 r_i와 q_i는 기준 분자(그룹)에 대한 상대적인 분자부피와 상대적인 분자 표면적을 나타낸다. 표면적 매개변수 q_i와 q_i'은 강한 수소결합을 가진 물과 알코올을 제외한 경우에는 동일하다. r_i, q_i, q_i'는 모두 성분에 대한 분자구조 매개변수들이다. UNIQUAC 모델에서 과잉 깁스 에너지의 엔트로피의 기여부분을 나타내는 식 4.6.5는 Flory-Huggins 식의 엔트로피 기여부분(식 4.3.6)과 유사하지만 표면적과 부피의 비는 분자의 모양에 따라 달라질 수 있다는 점이 추가적으로 고려되었다. r_i, q_i, q_i'는 모두 성분에 대한 분자구조 매개변수들이기 때문에 과잉 엔트로피 기여에 의한 $G^{E(comb)}$는 순수 성분의 매개변수에만 의존함을 알 수 있다. 반면에 잔류 에너지 기여에 의한 $G^{E(res)}$는 추가적으로 상호작용 매개변수 τ_{ij}, τ_{ji}에도 의존한다.

$$\tau_{ij} = \exp\left(-\frac{a_{ij}}{T}\right), \quad \tau_{ji} = \exp\left(-\frac{a_{ji}}{T}\right) \tag{4.6.10}$$

여기에서 $a_{ij} = (u_{ij} - u_{jj})/R$로서 절대온도 K로 표현된 상호작용 에너지이며 이성분계 실험데이터로부터 측정된다. UNIQUAC 모델에 의한 과잉 깁스 에너지로부터 이성분계의 활동도 계수를 구하면 다음과 같다.

$$\begin{aligned}\ln\gamma_1 &= \ln\gamma_1^{(comb)} + \ln\gamma_1^{(res)} \\ &= \ln\frac{\Phi_1}{x_1} + \frac{z}{2}q_1\ln\frac{\theta_1}{\Phi_1} + \Phi_2\left(l_1 - \frac{r_1}{r_2}l_2\right) \\ &\quad - q_1'\ln(\theta_1' + \theta_2'\tau_{21}) + \theta_2' q_1'\left(\frac{\tau_{21}}{\theta_1' + \theta_2'\tau_{21}} - \frac{\tau_{12}}{\theta_2' + \theta_1'\tau_{12}}\right)\end{aligned} \tag{4.6.11}$$

$$\begin{aligned}\ln\gamma_2 &= \ln\gamma_2^{(comb)} + \ln\gamma_2^{(res)} \\ &= \ln\frac{\Phi_2}{x_2} + \frac{z}{2}q_2\ln\frac{\theta_2}{\Phi_2} + \Phi_1\left(l_2 - \frac{r_2}{r_1}l_1\right) \\ &\quad - q_2'\ln(\tau_{12}\theta_1' + \theta_2') + \theta_1' q_2'\left(\frac{\tau_{12}}{\tau_{12}\theta_1' + \theta_2'} - \frac{\tau_{21}}{\theta_1' + \theta_2'\tau_{21}}\right)\end{aligned} \tag{4.6.12}$$

여기에서 $l_1 = \frac{z}{2}(r_1 - q_1) - (r_1 - 1)$, $l_2 = \frac{z}{2}(r_2 - q_2) - (r_2 - 1)$이다. 식 4.6.5와 4.6.6으로부터 다성분계에서 활동도 계수에 대한 일반 표현식을 구하면 다음과 같다.

$$\begin{aligned}\ln\gamma_i &= \ln\gamma_i^{(comb)} + \ln\gamma_i^{(res)} \\ &= \ln\frac{\Phi_i}{x_i} + \frac{z}{2}q_i\ln\left(\frac{\theta_i}{\Phi_i}\right) + l_i - \frac{\Phi_i}{x_i}\sum_j x_j l_j \\ &\quad + q_i'\left[1 - \ln\left(\sum_j \theta_j'\tau_{ji}\right) - \sum_j \frac{\theta_j'\tau_{ij}}{\sum_k \theta_k'\tau_{kj}}\right]\end{aligned} \tag{4.6.13}$$

여기에서 $l_i = \frac{z}{2}(r_i - q_i) - (r_i - 1)$, $z = 10$이다. 식 4.6.11~4.6.13에서 보는 바와 같이 활동도 계수도 조합항($\ln\gamma_i^{(comb)}$)과 잔류항($\ln\gamma_i^{(res)}$)으로 나누어져 있음을 알 수 있다. UNIQUAC 모델에 의한 활동도 계수의 조합항과 잔류항은 다음과 같이 나타낼 수도 있다[14].

$$\ln\gamma_i^{(comb)} = 1 - J_i + \ln J_i - 5q_i\left(1 - \frac{J_i}{L_i} + \ln\frac{J_i}{L_i}\right) \tag{4.6.14}$$

$$\ln\gamma_i^{(res)} = q_i\left(1 - \ln s_i - \sum_j \theta_j \frac{\tau_{ij}}{s_j}\right) \tag{4.6.15}$$

여기에서

$$J_i = \frac{r_i}{\sum_j r_j x_j}, \quad L_i = \frac{q_i}{\sum_j q_j x_j}, \quad s_i = \sum_l \theta_l \tau_{li} \tag{4.6.16}$$

이다. 위에서 J_i, L_i는 계산의 편의를 위해 도입된 매개변수로 물리적 의미는 없다.

UNIQUAC 모델은 상호작용 에너지의 차이뿐만 아니라 분자의 크기와 모양의 차이에 의한 액체 혼합물의 비이상성에 기여를 고려함으로써 Wilson, NRTL 모델들보다 좋은 결과를 제공하며 탄화수소, 알코올, 케톤, 알데하이드, 유기산, 물, 나이트릴 등 광범위한 용액에 적용가능하다. UNIQUAC 모델의 중요한 장점은 분자들의 용액을 분자 내 존재하는 그룹(메틸기, 수산기, 나이트릴 등)들의 용액으로서 간주함으로써 비교적 적은 수의 조절변수를 통해 용액을 비이상성을 기술하도록 UNIFAC(universal functional activity coefficient) 모델로 확장될 수 있는 점이다.

14) Smith, J.M., H.C. Van Ness and M.M. Abbott. Introduction to Chemical engineering Thermodynamics, 7th ed. (Boston: McGraw-Hill, 2005), p. 791. Appendix H.

보기 4-10

UNIQUAC 모델을 이용한 활동도 계수의 예측 15)

ethanol(1)/n-heptane(2) 계에 대한 UNIQUAC 매개변수가 다음과 같이 주어질 때, 50℃에서 조성에 따른 활동도 계수를 UNIQUAC 모델로 예측하여 그래프로 나타내고 실험 데이터와 비교하여라.

UNIQUAC 매개변수

	ethanol(1)	n-heptane(2)	
r	2.11	5.17	$a_{12}=-105.23$(K)
q	1.97	4.40	$a_{21}=1380.3$(K)
q'	0.92	4.40	

실험 데이터

x_1	γ_1	γ_2	x_1	γ_1	γ_2
0.0514	9.837	0.985	0.7327	1.184	3.161
0.118	5.978	1.069	0.772	1.136	3.561
0.3022	2.650	1.320	0.823	1.091	4.249
0.4383	1.876	1.629	0.8788	1.143	4.184
0.5862	1.427	2.158	0.9274	1.148	4.540
0.6646	1.283	2.550	0.9769	1.045	6.719

풀이 부피와 표면적 매개변수가 주어져 있으므로 조성에 따른 부피분율과 표면적 분율을 계산할 수 있다. 또한, 에너지 매개변수가 주어져 있으므로 다음 식에 의해 τ_{12}, τ_{21}을 계산할 수 있다.

$$\tau_{ij}=\exp\left(-\frac{a_{ij}}{T}\right),\ \tau_{ji}=\exp\left(-\frac{a_{ji}}{T}\right)$$

조성에 따른 활동도 계수의 그래프를 그리기 위해서는 여러 조성에서의 활동도 계수 계산이 필요하므로 R 프로그램을 이용해 계산해 보자.

```
# UNIQUAC 모델에 의해 활동도 계수가 계산될 x1의 범위 설정
x1=seq(0.01,0.99,0.01) # 0.01, 0.02, … ,0.98, 0.99
x2=1-x1
x=cbind(x1,x2)
n=length(x1) # x1의 개수
x
```

```
      x1   x2
 [1,] 0.01 0.99
 [2,] 0.02 0.98
 [3,] 0.03 0.97
```

```
[4,] 0.04 0.96
...
[98,] 0.98 0.02
[99,] 0.99 0.01
```

```
# UNIQUAC  매개변수
r=c(2.11,5.17)  # 부피 매개변수 r
q=c(1.97,4.40)  # 표면적 매개변수 q
qp=c(0.92,4.40)  # 표면적 매개변수 q'

#
R=matrix(rep(r,each=n),nrow=n)
Q=matrix(rep(q,each=n),nrow=n)
QP=matrix(rep(qp,each=n),nrow=n)

# 활동도 계수의 계산을 위한 식 4.6.11, 4.6.12의 매개변수 계산
Phi=(x*R)/apply(x*R,1,sum) # Φ1,Φ2의 계산
Theta=(x*Q)/apply(x*Q,1,sum) # θ1,θ2의 계산
ThetaP=(x*QP)/apply(x*QP,1,sum) # θ1', θ2'의 계산
L=5*(R-Q)-(R-1) #  l1,l2의 계산

#  4.6.11 식에서 ln γ1^(comb) 부분 계산
lngam_comb1=log(Phi[,1]/x[,1])+5*Q[,1]*log(Theta[,1]/Phi[,1])+Phi[,2]*(L[,1]-L[,2]*R[,1]/R[,2])

#  4.6.12 식에서 ln γ2^(comb) 부분 계산
lngam_comb2=log(Phi[,2]/x[,2])+5*Q[,2]*log(Theta[,2]/Phi[,2])+Phi[,1]*(L[,2]-L[,1]*R[,2]/R[,1])

# ln γ1^(comb), ln γ2^(comb) 정리
lngam_comb=cbind(x1, lngam_comb1,lngam_comb2)
lngam_comb # 조성에 따른 ln γ1^(comb), ln γ2^(comb)
```

```
        lngam_comb1    lngam_comb2
 [1,] -2.601797e-01 -1.590961e-05
 [2,] -2.570159e-01 -6.412057e-05
 ...
[98,] -3.172437e-04 -4.250445e-01
[99,] -8.064865e-05 -4.406029e-01
```

```
# 에너지 매개변수 a12, a21로부터 323.15에서의 τ12, τ21의 계산
tau12=exp(105.23/323.15); tau21=exp(-1380.3/323.15)

# 4.6.11 식에서 ln γ1^(res) 부분 계산
lngam_res1=-QP[,1]*log(ThetaP[,1]+ThetaP[,2]*tau21)+ThetaP[,2]*QP[,1]*
```

```
  (tau21/(ThetaP[,1]+ThetaP[,2]*tau21)-tau12/(ThetaP[,1]*tau12+ThetaP[,2]))
```

4.6.12 식에서 $\ln\gamma_2^{(res)}$ 부분 계산

```
lngam_res2=-QP[,2]*log(ThetaP[,1]*tau12+ThetaP[,2])+ThetaP[,1]*QP[,2]*
  (tau12/(ThetaP[,1]*tau12+ThetaP[,2])-tau21/(ThetaP[,1]+ThetaP[,2]*tau21))
```

$\ln\gamma_1^{(res)}$, $\ln\gamma_2^{(res)}$ 정리

```
lngam_res=cbind(lngam_res1,lngam_res2)
```

lngam_res # 조성에 따른 $\ln\gamma_1^{res}$, $\ln\gamma_2^{res}$

```
       lngam_res1   lngam_res2
  [1,] 3.3307424552 0.001192459
  [2,] 3.1262646921 0.004278792
  ...
 [98,] 0.0017945734 2.726272404
 [99,] 0.0004576958 2.814208693
```

$\ln\gamma^{(res)}$, $\ln\gamma^{(comb)}$ 로부터 $\ln\gamma$의 계산

```
lngam=lngam_comb+lngam_res
```

$\ln\gamma$로부터 γ 계산

```
UNIQ_gam=exp(lngam)
actCo=cbind(x1,UNIQ_gam)
colnames(actCo)=c("x1","gamma 1","gamma 2")
actCo  # 조성에 따른 활동도 계수
       x1   gamma 1    gamma 2
  [1,] 0.01 21.554029   1.001177
  [2,] 0.02 17.623774   1.004224
  ...
  [98,] 0.98   1.001478   9.986437
 [99,] 0.99   1.000377 10.736035

# UNIQUAC 모델에 의해 예측된 조성에 따른 활동도 계수 그래프 작성(그림 4.5)

x11( )
plot(x1,UNIQ_gam[,1],type="l",log="y",ylim=c(1,25),
       xlab="x1",ylab="Activity coefficient") # log="y"는 y축을 로그스케일로 나타냄
par(new=TRUE) # 앞의 그래프에 겹쳐 그리기 옵션
plot(x1,UNIQ_gam[,2],type="l",log="y",ylim=c(1,25),xlab="",ylab="")

# 실험을 통해 측정된 활동도 계수값
x1e=c(0.0514, 0.118, 0.3022, 0.4383, 0.5862, 0.6646, 0.7327,
            0.772, 0.823, 0.8788, 0.9274, 0.9769)
gam1=c(9.837,5.987, 2.65, 1.876, 1.427, 1.283, 1.184,
```

```
    1.136, 1.091, 1.143, 1.148, 1.045)
gam2=c(0.985, 1.069, 1.320, 1.629, 2.158, 2.550, 3.161, 3.561,
4.249, 4.184, 4.540, 6.719)

# 그림 4.5에서 실험값을 "O" 표시
points(x1e,gam1)
points(x1e,gam2)
text(0.2,10,expression(paste("ln",gamma[1],sep="")))
arrows(0.15,10,0.1,10,length=0.1)
text(0.72,5,expression(paste("ln",gamma[2],sep="")))
arrows(0.75,5,0.8,5,length=0.1)
grid( )
```

그림 4.5에서 보듯이 에탄올의 농도가 높을 때, 즉 수소결합이 계의 거동에 큰 영향을 미칠 때에는 예측값이 실험값이 잘 맞지 않음을 알 수 있다.

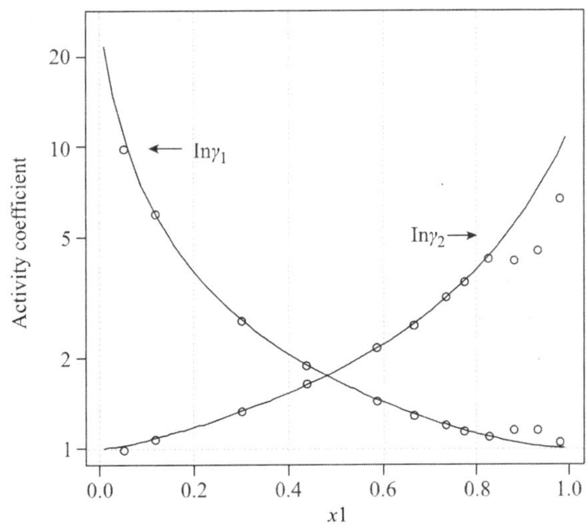

그림 4.5 UNIQUAC 모델에 의해 예측된 ethanol(1)/n-heptane(2) 계의 활동도 계수. 실선은 모델에 의해 예측된 값을 나타내며 빈 원은 실험값을 나타낸다.

15) Koretsky, M.D. Engineering and Chemical Thermodynamics. 2nd ed. (Wiley, 2013), p. 442. Example 7.12.

R code 보충설명

위에 사용된 R 프로그램 중 다음의 코드를 살펴보자.

```
R = matrix(rep(r,each = n),nrow = n)
```

이 코드는 r = c(2.11,5.17) 의 원소를 각 원소를 n번 반복한 후에 행의 수가 n인 행렬에 채우라는 의미이다. 즉 2.11, 2.11, ⋯ , 2.11, 5.17, 5.17, ⋯ , 5.17의 총 2n개의 원소를 행의 수가 n인 행렬에 열부터 채우면

```
2.11  5.17
2.11  5.17
...
2.11  5.17
```

이 된다. 즉, $n \times 2$ 행렬이 된다. 여기에 크기가 $n \times 2$ 인 행렬을 곱하면 결과는 대응하는 원소끼리의 곱으로 이루어지 $n \times 2$의 행렬이 된다. 예를 들면, x와 R이 다음과 같은 6×2 행렬일 때

```
x =
x1x2
[1,] 0.01  0.99
[2,] 0.02  0.98
[3,] 0.03  0.97
[4,] 0.04  0.96
[5,] 0.05  0.95
[6,] 0.06  0.94
```

```
R =
r1r2
[1,] 2.11  5.17
[2,] 2.11  5.17
[3,] 2.11  5.17
[4,] 2.11  5.17
[5,] 2.11  5.17
[6,] 2.11  5.17
```

x와 R의 곱은

```
[1,] 0.0211  5.1183
```

```
[2,] 0.0422 5.0666
[3,] 0.0633 5.0149
[4,] 0.0844 4.9632
[5,] 0.1055 4.9115
[6,] 0.1266 4.8598
```

이 된다. 동일한 원리로 나눗셈도 계산된다. 중요한 핵심은 행렬에서 대응원소끼리의 연산이 이루어진다는 것이다. 다음의 apply( ) 함수에 대해 간단히 살펴보자.

```
apply(x*R,1,sum)
```

위에서 x와 R의 곱의 결과가 6 × 2인 행렬로 주어질 때, 각 행을 더한 값이나 각 열을 더한 값이 필요할 수 있다. apply(x*R,1,sum)는 각 행을 대상으로 함수 sum( ) (인수에 포함된 모든 원소의 합을 구하는 함수)을 적용하라는 의미이다. 따라서 결과는 각 행을 합을 계산하여 다음과 같이 나타난다.

```
apply(x*R,1,sum)
[1] 5.1394 5.1088 5.0782 5.0476 5.0170 4.9864
```

함수 sum( )을 행렬의 열에 적용할 때는 apply(x*R,2,sum)와 같이 인수를 2로 바꾸면 된다. 스칼라에 적용되는 연산을 그대로 벡터에도 확장 적용될 수 있는 R의 이러한 기능은 반복계산을 위해 루프를 사용하는 것보다 효율적일 때가 많이 있다.

보기 4-11 **UNIQUAC 모델을 이용한 삼성분계의 활동도 계수 계산**

343.15 K, 0.1 MPa에서 ethylacetate(1)/ethanol(2)/water(3) 계의 각 성분에 대한 활동도 계수를 다음의 자료와 함께 UNIQAC 모델을 이용하여 계산하여라[16].

- 각 성분의 몰 분율 : $x_1 = 0.30,\ x_2 = 0.10,\ x_3 = 0.60$
- 각 성분의 상대부피 : $r_1 = 3.48,\ r_2 = 2.11,\ r_3 = 0.92$
- 각 성분의 상대표면적(활동도 계수의 조합항 계산시 사용)
  : $q_1 = 3.12,\ q_2 = 1.97,\ q_3 = 1.40$
- 각 성분의 상대표면적(활동도 계수의 잔류항 계산시 사용)
  : $q_1' = 3.12,\ q_2' = 0.92,\ q_3' = 1.00$

16) Assael, M.J., Martin Trusler, J.P., Tsolakis, T.F. Thermophysical properties of fluids: An introduction to their prediction. (Imperial College Press, 1996). p. 203. Example 7.8.

상호작용 매개변수 a_{ij} (단위 : K)

a_{ij}	$j=1$	$j=2$	$j=3$
$i=1$	0	571.73	1081.40
$i=2$	−167.61	0	−81.94
$i=3$	−222.02	387.38	0

풀이 식 4.6.14와 4.6.15를 이용하여 활동도 계수의 배열항 부분과 잔류항 부분을 계산한 뒤 이들의 합을 구하도록 한다. 여기서는 R 프로그램을 이용해 계산해보도록 한다. 주의할 것은 활동도 계수의 잔류항 계산에서 표면적 분율은 q_1, q_2, q_3이 아니라 q_1', q_2', q_3'를 사용해야 한다는 것이다. 즉, UNIQUAC 모델에서 물과 알코올의 경우에는 과잉 깁스 에너지나 활동도 계수의 조합항과 잔류항에 사용되는 표면적이 달라짐에 주의하자.

```
# 주어진 데이터 입력
x=c(0.30,0.10,0.60)  # 각 성분의 조성
r=c(3.48,2.11,0.92) # 각 성분의 부피 매개변수
q=c(3.12,1.97,1.40)  # 각 성분의 표면적 매개변수(조합항 계산 시 사용)
qp=c(3.12,0.92,1.00) # 각 성분의 표면적 매개변수(잔류항 계산 시 사용)

# 상호작용 에너지 매개변수
A=matrix(c(0,571.73,1081.40,-167.61,0,-81.94,-222.02,387.38,0),
    ncol=3,nrow=3,byrow=TRUE)
A
         [,1]    [,2]    [,3]
[1,]     0.00  571.73 1081.40
[2,]  -167.61    0.00  -81.94
[3,]  -222.02  387.38    0.00

# 상호작용 에너지 매개변수를 이용한 τij 의 계산
tau=exp(-A/343.15)
tau
         [,1]      [,2]       [,3]
[1,] 1.000000 0.1889784 0.04279254
[2,] 1.629780 1.0000000 1.26970895
[3,] 1.909814 0.3233907 1.00000000

# 식 4.6.14의 매개변수 계산
Ji=r/sum(r*x)
Ji
[1] 1.9258439 1.1676812 0.5091312 # J1, J2, J3 (순서대로)
Li=q/sum(q*x)
```

```
Li
[1] 1.5813482 0.9984795 0.7095793 # L1, L2, L3 (순서대로)
#식 4.6.14를 이용한 활동도 계수의 조합항 계산
lngam_c=1-Ji+log(Ji)-5*q*(1-Ji/Li+log(Ji/Li))
lngam_c
[1] 0.0534213 0.1145792 0.1621645 #lnγ1^(comb), lnγ2^(comb), lnγ3^(comb) (순서대로)
# 활동도 계수의 잔류부분 계산을 위한 θ′의 계산
THiP=(x*qp)/sum(x*qp)
[1] 0.57493857 0.05651106 0.36855037 # θ1′, θ2′, θ3′ (순서대로)

# 식 4.6.15에서 s_i = Σ_l θ_l τ_li 계산을 위한 함수 정의
S=function(i) sum(THiP*tau[,i])

# 식 4.6.15에서 Σ_j θ_j τ_ij/s_j 계산을 위한 함수 정의
SS=function(i) {
  TS=0
for (j in 1:3){
  TS=TS+THiP[j]*tau[i,j]/S(j)
}
return(TS)
}

# 식 4.6.15를 계산하는 함수 정의
lngam_r=function(i) {
   qp[i]*(1-log(S(i))-SS(i))
 }

# 위에서 정의된 함수를 이용한 lnγ1^(res), lnγ2^(res), lnγ3^(res)의 계산
lngam_cT=c(lngam_r(1),lngam_r(2),lngam_r(3))

# lnγi=lnγi^(comb)+lnγi^(res)의 계산
lngam=lngam_c+lngam_cT
lngam
[1] 0.6576508 0.4538364 0.2701211 # lnγ1, lnγ2, lnγ3 (순서대로)
gami=exp(lngam)
gami
[1] 1.930252 1.574340 1.310123  # γ1, γ2, γ3 (순서대로)
```

따라서, $\gamma_1 = 1.93$, $\gamma_2 = 1.57$, $\gamma_3 = 1.31$임을 알 수 있다.

4.7 UNIFAC (UNIversal Functional Activity coefficient) 모델

UNIFAC 모델은 실험 데이터의 적용을 통해 조절할 매개변수가 없는 UNIQUAC 모델의 확장으로서 각 분자의 부피변수 r과 표면적 변수 q를 그룹기여 방법을 이용하여 계산한다.

$$r_i = \sum_k \nu_k^{(i)} R_k, \quad q_i = \sum_k \nu_k^{(i)} Q_k \tag{4.7.1}$$

여기에서 $\nu_k^{(i)}$는 성분 i의 분자 안에 있는 k 그룹의 숫자이며, R_k와 Q_k는 각각 k 그룹의 부피계수와 표면적 계수를 의미한다. 그룹의 매개변수 R_k와 Q_k는 그 그룹의 부피와 표면적을 기준 그룹의 부피와 표면적으로 나눔으로써 얻어진다. 그룹기여 방법은 각 성분 분자를 그룹(작용기)의 집합체로 간주하고, 각 그룹이 가지는 부피변수 R과 표면적 변수 Q는 분자종에 상관없이 동일하다는 가정을 전제하고 있다. 그룹기여 방법을 이용한 활동도 계수의 계산방법을 살펴보자.

용액의 과잉 깁스 에너지는 분자의 크기와 모양의 차이에 의한 부분과 그룹 사이의 상호작용 에너지에 의한 부분의 합으로 주어지므로 성분 i의 활동도 계수를 다음과 같이 두 부분의 합으로 나타낼 수 있다고 할 수 있다.

$$\ln \gamma_i = \ln \gamma_i^{(comb)} + \ln \gamma_i^{(res)} \tag{4.7.2}$$

여기에서 $\gamma_i^{(comb)}$는 분자의 크기 또는 배열과 관련된 엔트로피 기여부분을 나타내고, $\gamma_i^{(res)}$는 상호작용 에너지에 의한 잔류 부분에 해당한다. 활동도 계수에서 조합항 $\gamma^{(comb)}$의 계산은 UNIQUAC 모델과 기본적으로 동일하며 각 성분의 부피분율과 표면적 분율은 그룹기여 방법을 이용하여 계산된다.

$$\ln \gamma_i = \ln \frac{\Phi_i}{x_i} + \frac{z}{2} q_i \ln\left(\frac{\theta_i}{\Phi_i}\right) + l_i - \frac{\Phi_i}{x_i} \sum_j x_j l_j \tag{4.7.3}$$

$$\Phi_i = \frac{r_i x_i}{\sum_j r_j x_j}, \quad \Theta_i = \frac{q_i x_i}{\sum_j q_j x_j} \tag{4.7.4}$$

식 4.7.4에서 r_i, q_i는 식 4.7.1을 이용하여 계산하면 된다. 활동도 계수에서 잔류항 $\gamma_i^{(res)}$의 계산에서는 그룹 용액의 개념을 이용한다. 즉, 액체 용액은 각 성분 분자를 이루고 있는 그룹들의 용액으로 간주하고, 그룹 사이의 상호 작용 에너지에 의한 잔류 부분은 혼합물 상태에서의 기여에서 순수한 상태의 기여를 뺀 것으로 간주한다. 따라서, 혼합물 중의 성분 i 활동도 계수는 다음과 같이 나타낼 수 있다.

$$\ln\gamma_i^{(res)} = \sum_k \nu_k^{(i)} (\ln\Gamma_k - \ln\Gamma_k^{(i)}) \tag{4.7.5}$$

여기에서 $\nu_j^{(i)}$는 식 4.7.1에서와 같이 성분 i 분자에 있는 k 그룹의 개수이다. Γ_k는 혼합물에서 그룹 k에 대한 활동도 계수를 나타내며, $\Gamma_k^{(i)}$는 순수성분 i로 이루어진 용액에서 그룹 k에 대한 활동도 계수를 의미한다. 그룹 활동도 계수 Γ_k는 UNIQUAC 모델에서 상호작용 에너지에 의한 잔류부분의 활동도 계수와 유사한 형태로 주어지며 다음과 같다.

$$\ln\Gamma_k = Q_k\left[1 - \ln\left(\sum_m \Theta_m \Psi_{mk}\right) - \sum_m \frac{\Theta_m \Psi_{km}}{\sum_n \Theta_n \Psi_{nm}}\right] \tag{4.7.6}$$

여기에서 Θ_m은 그룹 m의 표면적 분율로서, 그룹 몰분율 X_m과 다음의 관계가 성립한다.

$$\Theta_m = \frac{X_m Q_m}{\sum_n X_n Q_n} \tag{4.7.7}$$

$$X_m = \frac{\sum_i \nu_m^{(i)} x_i}{\sum_i \sum_j \nu_j^{(i)} x_i} \tag{4.7.8}$$

식 4.7.6에서 Ψ_{km}은 그룹 k와 그룹 m의 상호작용 에너지 매개변수로서 다음과 같이 주어진다.

$$\Psi_{km} = \exp\left[-\frac{(U_{km} - U_{mm})}{RT}\right] = \exp\left[-\frac{a_{km}}{T}\right] \tag{4.7.9}$$

여기에서 U_{kn}은 그룹 k와 n의 상호작용 에너지에 해당한다. 식 4.7.6은 순수성분에서도 성립하므로 순수용액 i에서 그룹 k의 활동도 계수는 다음과 같이 나타낼 수 있다.

$$\ln \Gamma_k^{(i)} = Q_k^{(i)}\left[1 - \ln\left(\sum_m \Theta_m^{(i)} \Psi_{mk}\right) - \sum_m \frac{\Theta_m^{(i)} \Psi_{km}}{\sum_n \Theta_n^{(i)} \Psi_{nm}}\right] \tag{4.7.10}$$

식 4.7.6과 4.7.10의 결과를 식 4.7.5에 대입하면 $\gamma_i^{(res)}$를 계산할 수 있다. UNIFAC 모델에 의한 활동도 계수의 조합항과 잔류항은 다음과 같이 나타낼 수도 있다.

$$\ln\gamma_i^{(comb)} = 1 - J_i + \ln J_i - 5q_i\left(1 - \frac{J_i}{L_i} + \ln\frac{J_i}{L_i}\right) \tag{4.7.11}$$

$$\ln \gamma_i^{(res)} = q_i\left(1 - \sum_k\left(\theta_k \frac{\beta_{ik}}{s_k} - e_{ki} \ln\frac{\beta_{ik}}{s_k}\right)\right) \tag{4.7.12}$$

식 4.7.11은 식 4.6.14와 동일한 모양을 가지며 매개변수 J_i, L_i도 동일하게 정의된다. 즉, UNIQAC 모델과 UNIFAC 모델에서 활동도 계수의 조합항의 계산방식은 매개변수를 계산하는 방식을 제외하고는 동일하다. UNIQUAC 모델에서는 각 성분분자의 부피 및 표면적 매개변수를 사용하는 반면에 UNIFAC 모델에서는 그룹의 부피, 표면적을 이용하여 각 성분 분자의 부피 및 표면적 매개변수를 계산한다. 식 4.7.12에서 매개변수는 다음과 같이 정의된다.

$r_i = \sum_k \nu_k^{(i)} R_k$	그룹 k의 부피 매개변수 R_k로부터 성분 i의 상대부피 r_i 계산
$q_i = \sum_k \nu_k^{(i)} Q_k$	그룹 k의 표면적 매개변수 Q_k로부터 성분 i의 상대부피 q_i 계산
$e_{ki} = \dfrac{\nu_k^{(i)} Q_k}{q_i}$	성분 i에서 그룹 k의 표면적 분율
$\beta_{ik} = \sum_m e_{mi}\tau_{mk}$	성분 i의 모든 그룹과 그룹 k 사이의 상호 작용 합에 대한 매개변수
$\theta_k = \dfrac{\sum_i x_i q_i e_{ki}}{\sum_j x_j q_j}$	혼합물(용액) 내에서 그룹 k의 표면적 분율
$s_k = \sum_m \theta_m \tau_{mk}$	혼합물 내의 모든 그룹과 그룹 k 사이의 상호 작용 합에 대한 매개변수

보기 4-12

UNIFAC 모델을 이용한 활동도 계수의 계산

다음의 자료를 이용하여 acetone(1)/n-pentane(2) 계에서 각 성분의 활동도 계수를 UNIFAC 방법을 이용하여 계산하여라. 계의 온도는 307 K이며 $x_1 = 0.047$이다[17].

그룹에 대한 부피 매개변수(R_k), 표면적 매개변수(Q_k) 및 각 성분의 분자 내 그룹의 개수(ν_k)

	그룹	R	Q	ν
acetone (1)	CH_3	0.9011	0.848	1
	CH_3CO	1.6724	1.488	1
n-pentane (2)	CH_3	0.9011	0.848	2
	CH_2	0.6744	0.540	3

그룹간 상호작용 에너지 매개변수(a_{ij})

a_{ij}		j		
		CH_3	CH_2	CH_3CO
i	CH_3	0	0	476.4
	CH_2	0	0	476.4
	CH_3CO	26.76	26.76	0

풀이 UINIFAC 모델에 의한 활동도 계수는 UNIQAC 모델에서와 유사하게 분자배열 질서에 기인한 조합항과 그룹간 상호작용으로 인한 잔류항의 합으로 주어진다. 따라서 조합항과 잔류항을 구분해서 계산한 뒤 합을 계산하도록 하자.

Step 1. 식 4.7.3을 이용한 활동도 계수의 조합항 계산

식 4.7.3의 매개변수, 즉 부피분율과 표면적 분율을 계산하기 위해서는 각 성분에 대한 부피, 표면적 매개변수가 필요하다. UNIQUAC 모델과 달리 UNIFAC에서는 그룹기여 방법을 통해 분자의 부피, 표면적 매개변수를 계산한다. acetone은 1개의 CH_3 그룹과 1개의 CH_3CO의 그룹으로 구성되어 있고, n-pentane은 2개의 CH_3 그룹과 3개의 CH_2 그룹으로 이루어져 있으므로 표로 주어진 그룹 매개변수들로부터 Acetone과 n-pentane의 부피 및 표면적 분율을 다음과 같이 계산할 수 있다.

$$r_1 = (1)(0.9011) + (1)(1.6724) = 2.5735$$

$$r_2 = (2)(0.9011) + (3)(0.6744) = 3.8254$$

$$q_1 = (1)(0.848) + (1)(1.488) = 2.336$$

$$q_2 = (2)(0.848) + (3)(0.540) = 3.316$$

17) Poling, B.E., Prausnitz, J.M., O'Connell, J.P. The properties of gases and liquids. 5th ed. (McGRAW-

$$\phi_1 = \frac{r_1 x_1}{r_1 x_1 + r_2 x_2} = \frac{2.5735 \times 0.047}{2.5735 \times 0.047 + 3.8254 \times 0.953} = 0.0321$$

$$\theta_1 = \frac{q_1 x_1}{q_1 x_1 + q_2 x_2} = \frac{2.336 \times 0.047}{2.336 \times 0.047 + 3.316 \times 0.953} = 0.0336$$

$$\phi_2 = 1 - \phi_1 = 1 - 0.0321 = 0.9679$$

$$\theta_2 = 1 - \theta_1 = 1 - 0.0336 = 0.9664$$

$$l_1 = 5(r_1 - q_1) - (r_1 - 1) = -0.386$$

$$l_2 = 5(r_2 - q_2) - (r_2 - 1) = -0.2784$$

따라서, 각 성분의 조합항의 활동도 계수는 다음과 같이 계산된다.

$$\begin{aligned}
\ln \gamma_1^c &= \ln \frac{\phi_1}{x_1} + 5q_1 \ln \frac{\theta_1}{\phi_1} + l_1 - \frac{\phi_1}{x_1}[x_1 l_1 + x_2 l_2] \\
&= \ln \frac{0.0321}{0.047} + (5)(2.336)\ln \frac{0.0336}{0.0321} - 0.3860 \\
&\quad + \frac{0.0321}{0.047}[(0.047)(0.3860) + (0.953)(0.2784)] \\
&= -0.0403
\end{aligned}$$

$$\begin{aligned}
\ln \gamma_2^c &= \ln \frac{\phi_2}{x_2} + 5q_2 \ln \frac{\theta_2}{\phi_2} + l_2 - \frac{\phi_2}{x_2}[x_1 l_1 + x_2 l_2] \\
&= \ln \frac{0.9679}{0.953} + (5)(3.316)\ln \frac{0.9664}{0.9679} - 0.2784 \\
&\quad + \frac{0.9679}{0.953}[(0.047)(0.3860) + (0.953)(0.2784)] \\
&= -0.0007
\end{aligned}$$

Step 2. 식 4.7.5를 이용한 활동도 계수의 잔류항 계산

식 4.7.5를 이용하기 위해서는 혼합물에서의 그룹 활동도 계수($\ln \Gamma_k$)와 순수성분에서의 그룹 활동도 계수($\ln \Gamma_k^{(i)}$)를 먼저 계산해야 한다. 순수성분에서의 그룹 활동도 계수부터 구해보기로 하자.

a. 순수한 acetone (1)용액에서 CH_3 그룹과 CH_3CO 그룹의 활동도 계산

Acetone 용액을 CH_3 그룹과 CH_3CO 그룹의 혼합물로 보고 각 그룹의 활동도 계수를 식 4.7.6을 이용하여 계산해보자. Acetone은 CH_3 그룹과 CH_3CO 그룹이 1 : 1로 구성되어 있으므로 몰 분율, 표면적 분율은 다음과 같다.

$$X_{CH_3} = \frac{1}{2},\ X_{CH_3CO} = \frac{1}{2}$$

$$\theta_{CH_3} = \frac{(1/2)(0.848)}{(1/2)(0.848)+(1/2)(1.488)} = 0.363$$

$$\theta_{CH_3CO} = 1-\theta_{CH_3} = 1-0.363 = 0.637$$

또한 주어진 표에서 나타난 그룹간 상호작용 에너지 매개변수를 이용하여 $T = 307$ K에서 식 4.7.10의 매개변수 Ψ_{km}를 계산하면 다음과 같다.

$$\Psi_{CH_3:CH_3CO} = \exp\left[-\frac{a_{CH_3:CH_3CO}}{T}\right] = \exp\left[-\frac{476.40}{307}\right] = 0.2119$$

$$\Psi_{CH_3CO:CH_3} = \exp\left[-\frac{a_{CH_3CO:CH_3}}{T}\right] = \exp\left[-\frac{26.760}{307}\right] = 0.9165$$

$$\Psi_{CH_3:CH_3} = 1,\ \Psi_{CH_3CO:CH_3CO} = 1$$

이제 식 4.7.10을 이용하여 CH_3 그룹과 CH_3CO 그룹의 활동도 계수를 계산해보자. 식을 간단히 하기 위해 CH_3 그룹과 CH_3CO그룹을 각각 x, y로 두면 순수한 acetone(1) 용액에서의CH_3 그룹의 활동도 계수는 다음과 같이 나타낼 수 있다.

$$\begin{aligned}\ln\Gamma_x^{(1)} &= q_x\left[1-\ln\left(\theta_x^{(1)}\Psi_{xx}+\theta_y^{(1)}\Psi_{yx}\right)-\left(\frac{\theta_x^{(1)}\Psi_{xx}}{\theta_x^{(1)}\Psi_{xx}+\theta_y^{(1)}\Psi_{yx}}+\frac{\theta_y^{(1)}\Psi_{xy}}{\theta_x^{(1)}\Psi_{xy}+\theta_y^{(1)}\Psi_{yy}}\right)\right]\\ &= q_x\left[1-\ln(\theta_x^{(1)}+\theta_y^{(1)}\Psi_{yx})-\left(\frac{\theta_x^{(1)}}{\theta_x^{(1)}+\theta_y^{(1)}\Psi_{yx}}+\frac{\theta_y^{(1)}\Psi_{xy}}{\theta_x^{(1)}\Psi_{xy}+\theta_y^{(1)}}\right)\right]\end{aligned}$$

위의 식에 매개변수들을 대입하면

$$\begin{aligned}\Gamma_x^{(1)} &= 0.848(1-\ln(0.363+(0.637)(0.9165))\\ &\quad -\left(\frac{0.363}{0.363+(0.637)(0.9165)}+\frac{(0.637)(0.2119)}{(0.363)(0.2119)+0.637}\right))\\ &= 0.409\end{aligned}$$

동일한 방법으로 순수한 acetone 용액에서 CH_3CO 그룹에 대한 활동도 계수를 나타내면

$$\begin{aligned}\ln\Gamma_y^{(1)} &= q_y\left[1-\ln\left(\theta_y^{(1)}\Psi_{yy}+\theta_x^{(1)}\Psi_{xy}\right)-\left(\frac{\theta_y^{(1)}\Psi_{yy}}{\theta_y^{(1)}\Psi_{yy}+\theta_x^{(1)}\Psi_{xy}}+\frac{\theta_x^{(1)}\Psi_{yx}}{\theta_y^{(1)}\Psi_{yx}+\theta_x^{(1)}\Psi_{xx}}\right)\right]\\ &= q_y\left[1-\ln(\theta_y^{(1)}+\theta_x^{(1)}\Psi_{xy})-\left(\frac{\theta_y^{(1)}}{\theta_y^{(1)}+\theta_x^{(1)}\Psi_{xy}}+\frac{\theta_x^{(1)}\Psi_{yx}}{\theta_y^{(1)}\Psi_{yx}+\theta_x^{(1)}}\right)\right]\end{aligned}$$

이 되며, 해당 매개변수를 대입하면

HILL, 2001) 8.77, Example 8-12.

$$\Gamma_y^{(1)} = 1.488(1-\ln(0.637+(0.363)(0.2119)) - \left(\frac{0.637}{0.637+(0.363)(0.2119)}+\frac{(0.363)(0.9165)}{(0.363)+(0.637)(9165)}\right))$$

$$= 0.139$$

이 된다.

b. 순수한 n-pentane(2) 용액에서 CH_3, CH_2 그룹에 대한 활동도 계수 계산

n-pentane은 CH_3, CH_2의 두 종류의 그룹을 갖고 있지만 이들 그룹간 상호작용 에너지 매개변수는 0이기 때문에 $\Psi_{CH_3:CH_2}=1$, $\Psi_{CH_2:CH_3}=1$이 된다. 즉 CH_3, CH_2 그룹의 혼합물로서의 n-pentane 용액은 그룹간 상호작용 에너지를 고려할 때 이상용액과 동일하므로 이들 그룹의 활동도 계수는 다음과 같이 나타낼 수 있다.

$$\ln\Gamma_{CH_3}^{(2)} = \ln\Gamma_{H_2}^{(2)} = 0$$

c. acetone/n-pentane 용액에서 그룹 활동도 계수 계산

Acetone/n-pentane 혼합물을 세 종류의 그룹 CH_3, CH_3CO, CH_2의 혼합물로 볼 때 각 그룹에 대한 활동도 계수를 계산한다. 편의상 이들 그룹을 다음과 같이 표기한다.

CH_3 그룹 : x, CH_3CO 그룹 : y, CH_2 그룹 : z

먼저, x 그룹의 몰 분율은 다음과 같이 계산해보자. Acetone은 x 그룹 1개, y 그룹 1개를 포함하고 있으며, n-pentane은 x 그룹 2개, z 그룹 3개를 포함하고 있다. 혼합물에서 acetone의 몰 분율이 0.047, n-pentane의 몰 분율이 0.953이므로 x 그룹의 몰 분율은 다음과 같다.

$$X_x = \frac{(0.047)(1)+(0.953)(2)}{(0.047)(2)+(0.953)(5)} = 0.4019$$

같은 방법으로 acetone/n-pentane 혼합물에서 y, z 그룹의 몰 분율을 계산하면

$$X_y = \frac{(0.047)(1)}{(0.0472)(2)+(0.953)(5)} = 0.0097$$

$$X_z = 1-0.4019-0.0097 = 0.5884$$

이 된다. 각 그룹의 몰 분율을 이용하여 각 그룹의 표면적 분율을 계산하면 다음과 같다.

$$\theta_x = \frac{(0.4019)(0.848)}{(0.4019)(0.848)+(0.0097)(1.488)+(0.5884)(0.540)} = 0.5064$$

$$\theta_y = 0.0214, \theta_z = 1-\theta_x-\theta_y = 1-0.5064-0.0214 = 0.4722$$

또한 $\Psi_{xx}=\Psi_{yy}=\Psi_{zz}=1$이며, $\Psi_{xy}=\Psi_{zy}=0.2119$, $\Psi_{yx}=\Psi_{yz}=0.9165$가 된다.

또한 $\Psi_{xz} = \Psi_{zx} = 1$이다. acetone/n-pentane 혼합물에서 x 그룹의 활동도 계수는 식 4.7.6에 의해 다음과 같이 나타낼 수 있다.

$$\ln \Gamma_x = q_x (1 - \ln(\theta_x \Psi_{xx} + \theta_y \Psi_{yx} + \theta_z \Psi_{zx}) \\ - \left[\frac{\theta_x \Psi_{xx}}{\theta_x \Psi_{xx} + \theta_y \Psi_{yx} + \theta_z \Psi_{zx}} + \frac{\theta_y \Psi_{xy}}{\theta_x \Psi_{xy} + \theta_y \Psi_{yy} + \theta_z \Psi_{zy}} + \frac{\theta_z \Psi_{xz}}{\theta_x \Psi_{xz} + \theta_y \Psi_{yz} + \theta_z \Psi_{zz}} \right]$$

위의 식에 해당 매개변수의 값을 대입하면

$$\ln \Gamma_x = 0.848(1 - \ln(0.5064) + (0.0214)(0.9165) + (0.4722)) \\ - \left[\frac{(0.5064) + (0.4722)}{(0.5064) + (0.0214)(0.9165) + 0.4722} + \frac{(0.0214)(0.2119)}{(0.5064)(0.2119) + (0.0214) + (0.4721)(0.2119)} \right] \\ = 1.45 \times 10^{-3}$$

이 된다. 같은 방법으로 y, z 그룹에 대한 활동도 계수를 계산하면

$$\ln \Gamma_y = 2.21, \ \ln \Gamma_z = 9.26 \times 10^{-4}$$

이 된다. 이제 식 4.7.5를 이용하여 활동도 계수의 잔류항을 계산하면 다음과 같다.

$$\ln \Gamma_1^{(res)} = (1)(1.45 \times 10^{-3} - 0.409) + (1)(2.21 - 0.139) = 1.66$$

$$\ln \Gamma_2^{(res)} = (2)(1.45 \times 10^{-3} - 0) + (3)(9.26 \times 10^{-4} - 0) = 5.68 \times 10^{-3}$$

Step 3. acetone과 n-pentane의 활동도 계수 계산

Step 1, 2에서 계산된 활동도 계수의 조합항과 잔류항을 더 해줌으로써 활동도 계수를 계산한다.

$$\ln \Gamma_1 = \ln \Gamma_1^{(comb)} + \ln \Gamma_1^{(res)} = -0.0403 + 1.66 = 1.62$$

$$\ln \Gamma_2 = \ln \Gamma_2^{(comb)} + \ln \Gamma_2^{(res)} = -0.0007 + 5.68 \times 10^{-3} = 4.98 \times 10^{-3}$$

보기 4-13 **UNIFAC 모델을 이용한 4 성분계의 활동도 계산**

60℃의 n-hexane(1)/ethanol(2)/2,2,4-trimetylpentane(3)/benzene(4) 혼합물에 대하여 다음의 자료와 UNIFAC 모델을 이용하여 각 성분의 활동도 계수를 계산하여라.

[각 성분의 조성]

$x_1 = 0.138$, $x_2 = 0.059$, $x_3 = 0.729$, $x_4 = 0.074z$

그룹 부피(R_k), 표면적(Q_k) 매개변수

main group	sub group	R	Q
CH_2	CH_3	0.9011	0.848
	CH_2	0.6744	0.540
	CH	0.4469	0.228
	C	0.2195	0.000
ACH	ACH	0.5313	0.400
	AC	0.3652	0.120
OH	OH	1.0000	1.200

그룹간 상호작용 매개변수(a_{mn})

	CH_3	CH_2	CH	C	ACH	OH
CH_3	0	0	0	0	61.13	986.5
CH_2	0	0	0	0	61.13	986.5
CH	0	0	0	0	61.13	986.5
C	0	0	0	0	61.13	986.5
ACH	−11.12	−11.12	−11.12	−11.12	0	636.1
OH	156.4	156.4	156.4	156.4	89.60	0

풀이 UNIFAC 모델을 사용하기 위해 각 물질이 어떤 그룹으로 구성되어 있는지 살펴보자.

n-hexane (1) : $2CH_3 + 4CH_2$

ethanol (2) : $1CH_3 + 1CH_2 + 1OH$

2,2,4-trimetylpentane (3) : $5CH_3 + 1CH_2 + 1CH + 1C$

benzene (4) : $6ACH$

따라서, 혼합물은 총 6 종류의 그룹을 포함하고 있음을 알 수 있다. 편의상 그룹의 번호를 다음과 같이 두자.

1-CH_3, 2-CH_2 , 3-CH , 4-C, 5-ACH, 6-OH

그룹의 부피 및 표면적 매개변수가 주어져 있으므로 각 성분의 부피 및 표면적 매개변수를 계산할 수 있다. 또한 그룹사이의 상호작용 에너지 매개변수가 주어져 있으므로 에너지 매개변수인 τ_{ij}를 계산할 수 있다.여기서는 식 4.7.11과 4.7.12를 이용하여 활동도 계수의 조합항과 잔류항을 계산해 보도록 한다. 성분의 수가 많을수록 계산식이 늘어나므로 R 프로그램을 이용한다.

```
# 주어진 데이터 입력
TK=333.15 # 온도(K)
nc=4 # (성분의 개수)
x=c(0.138,0.059,0.729,0.074) # 각 성분의 조성(순서대로 x1 ,x2, x3, zx4)
nk=6 # 그룹의 종류(1-CH3, 2-CH2 , 3-CH, 4-C, 5-ACH, 6-OH)

# 각 그룹의 부피매개변수(순서대로 R1, R2, R3, R4, R5, R6)
R=c(0.9011,0.6744,0.4469,0.2195,0.5313,1.0000)

# 각 그룹의 표면적 매개변수(순서대로 Q1, Q2, Q3, Q4, Q5, Q6)
Q=c(0.848,0.540,0.228,0.000,0.400,1.200)

# 각 성분에서 그룹의 개수 행렬(열-성분, 행-그룹)
nu=matrix(c(2, 1, 5, 0, 4, 1, 1, 0, 0, 0, 1, 0, 0, 0, 1, 0, 0, 0, 0, 6, 0, 1, 0, 0),
 nrow=nk, ncol=nc, byrow=TRUE)
colnames(nu)=paste(rep("comp",4),1:4,sep="") # 행렬 nu의 열이름 부여
rownames(nu)=paste(rep("group",6),1:6,sep="") # 행렬 nu의 행이름 부여
nu
       comp1 comp2 comp3 comp4
group1     2     1     5     0
group2     4     1     1     0
group3     0     0     1     0
group4     0     0     1     0
group5     0     0     0     6
group6     0     1     0     0

# 상호작용 에너지 매개변수 행렬 정의
A=matrix(c(0, 0, 0, 0, 61.63, 986.5, 0, 0, 0, 0, 61.13, 986.5, 0, 0, 0, 0, 61.13,
    986.5, 0, 0, 0, 0, 61.13, 986.5, -11.12, -11.12, -11.12, -11.12, 0, 636.1,
          156.4, 156.4, 156.4, 156.4, 89.60, 0),nrow=nk, ncol=nk, byrow=TRUE)
A  # aij
       [,1]    [,2]    [,3]    [,4]   [,5]   [,6]
[1,]   0.00    0.00    0.00    0.00  61.63  986.5
[2,]   0.00    0.00    0.00    0.00  61.13  986.5
[3,]   0.00    0.00    0.00    0.00  61.13  986.5
[4,]   0.00    0.00    0.00    0.00  61.13  986.5
[5,] -11.12  -11.12  -11.12  -11.12   0.00  636.1
[6,] 156.40  156.40  156.40  156.40  89.60    0.0
```

```
tau=exp(-A/TK) # τ_ij = exp(-a_ij/T)
rownames(tau)=paste(rep("group",6),1:6,sep="") # 행렬 τ의 행이름 부여
colnames(tau)=paste(rep("group",6),1:6,sep="") # 행렬 τ의 열이름 부여
tau
         group1   group2   group3   group4    group5     group6
group1 1.000000 1.000000 1.000000 1.000000 0.8311111 0.05176047
group2 1.000000 1.000000 1.000000 1.000000 0.8323594 0.05176047
group3 1.000000 1.000000 1.000000 1.000000 0.8323594 0.05176047
group4 1.000000 1.000000 1.000000 1.000000 0.8323594 0.05176047
group5 1.033942 1.033942 1.033942 1.033942 1.0000000 0.14817665
group6 0.625341 0.625341 0.625341 0.625341 0.7641831 1.00000000

# 그룹 부피계수로부터 각 성분의 부피 매개변수 계산
r=numeric(nc)
for( i in 1:nc) {
  r[i]=sum(R*nu[,i])
}

r
[1] 4.4998 2.5755 5.8463 3.1878 # 순서대로 r1, r2, r3, r4

# 그룹 표면적계수로부터 각 성분의 표면적 매개변수 계산
q=numeric(nc)
for( i in 1:nc) {
  q[i]=sum(Q*nu[,i])
}
q
[1] 3.856 2.588 5.008 2.400 # 순서대로 q1, q2, q3, q4

# 식 4.7.11의 매개변수 Ji, Li의 계산
Ji=r/sum(r*x)
Ji
[1] 0.8537262 0.4886377 1.1091913 0.6048065 # 순서대로 J1, J2, J3, J4
Li=q/sum(q*x)
Li
[1] 0.8543729 0.5734224 1.1096212 0.5317673 # 순서대로 L1, L2, L3, L4

# 식 4.7.11에 의한 활동도 계수의 조합항 계산
lngam_c=1-Ji+log(Ji)-5*q*(1-Ji/Li+log(Ji/Li))
lngam_c
```

```
[1] -0.011865428 -0.047628252 -0.005558234 -0.003862688
```

(순서대로 $\ln\gamma_1^{(comb)}, \ln\gamma_2^{(comb)}, \ln\gamma_3^{(comb)}, \ln\gamma_4^{(comb)}$)

```
# 식 4.7.12를 이용한 활동도 계수의 잔류항 계산
MQ=matrix(rep(Q,nc), nrow=nk) # 벡터 연산을 위해 Q를 성분의 개수만큼 반복
MQ
      [,1]  [,2]  [,3]  [,4]
[1,] 0.848 0.848 0.848 0.848
[2,] 0.540 0.540 0.540 0.540
[3,] 0.228 0.228 0.228 0.228
[4,] 0.000 0.000 0.000 0.000
[5,] 0.400 0.400 0.400 0.400
[6,] 1.200 1.200 1.200 1.200

#벡터 연산을 위해 q를 그룹의 개수만큼 반복
Mq=matrix(rep(q,nk),ncol=nc,byrow=TRUE)
Mq
      [,1]  [,2]  [,3]  [,4]
[1,] 3.856 2.588 5.008  2.4
[2,] 3.856 2.588 5.008  2.4
[3,] 3.856 2.588 5.008  2.4
[4,] 3.856 2.588 5.008  2.4
[5,] 3.856 2.588 5.008  2.4
[6,] 3.856 2.588 5.008  2.4
```

4.7.12에서 e_{ki} 의 계산

```
Eki=MQ*nu/Mq
Eki
          comp1     comp2      comp3 comp4
group1 0.439834 0.3276662 0.84664537     0
group2 0.560166 0.2086553 0.10782748     0
group3 0.000000 0.0000000 0.04552716     0
group4 0.000000 0.0000000 0.00000000     0
group5 0.000000 0.0000000 0.00000000     1
group6 0.000000 0.4636785 0.00000000     0
```

식 4.7.12에서 β_{ik} 의 계산을 위한 함수 정의

```
BEik=function(i,k) sum(Eki[,i]*tau[,k])
```

식 4.7.12에서 θ_k 의 계산

```
THEk=numeric(nk)
```

```
for (i in 1:nk) {
  THEk[i]=sum(x*q*Eki[i,])/sum(x*q)
}

THEk
[1] 0.74780668 0.16032785 0.03682755 0.00000000 0.03935078 0.01568714
#(순서대로 θ1, θ2, θ3, θ4, θ5, θ6)

# 식 4.7.12에서 s_i 의 계산을 위한 함수 정의
S=function(i) sum(THEk*tau[,i])

# 식 4.7.12의 계산을 위한 함수 정의
lngam_r=function(i) {
  ss=0
  for (k in 1:nk) {
     ss=ss+THEk[k]*BEik(i,k)/S(k)-Eki[k,i]*log(BEik(i,k)/S(k))
    }
  return(q[i]*(1-ss))
}

# 함수 lngam_r( )에 의한 식 4.7.12의 계산
lngam_res=c(lngam_r(1),lngam_r(2),lngam_r(3),lngam_r(4))
lngam_res
[1] 0.01789497 2.25011947 0.02336076 0.27953511
# (순서대로 ln γ1^(res), ln γ2^(res), ln γ3^(res), ln γ4^(res))

# 식 4.7.2에 의한 활동도 계수의 계산
lngam=lngam_c+lngam_res
gamma=exp(lngam)
gamma
[1] 1.006048 9.047525 1.017962 1.317416 (순서대로 γ1, γ2, γ3, γ4)
```

따라서, UNIFAC 모델에 의해 주어진 조건에서 n-hexane, ethanol, 2,2,4-trimetylpentane, benzene의 활동도 계수는 각각 1.006, 9.048, 1.018, 1.317로 예측된다.

study

활동도 계수 모델에 대한 선택

액체 혼합물의 비이상성을 다루기 위해 다양한 활동도 계수 모델들을 살펴보았다. UNIFAC 같은 완전 예측모델은 정확도가 낮을 수 있으므로 실험데이터가 전혀 없을 경우에만 사용하는 것이 바람직하다. 비극성 혼합물의 경우 두 상수 Margules, van Laar, Wilson, NRTL, QUNIQUAC 모델 등은 모두 비슷한 정확성을 나타낸다. 비극성과 극성 혹은 극성과 극성의 혼합물의 경우에는 대체적으로 QUNIQUAC 모델이 다른 모델에 비해 우월하다. 카르복실기를 포함하는 용액의 경우 Wilson 모델이 다른 모델들에 비해 우월할 때가 있지만 액액 상분리가 일어나는 경우에는 사용될 수 없으며, NRTL, UNIQUAC 등의 모델이 사용되어야 한다.

▶ MEMO ◀

CHAPTER 5

활동도 계수와 휘산도 계수를 이용한 기액 평형 서술

휘산도는 상평형 기술에 핵심역할을 한다. 제2장에서는 상태방정식을 활용하여 이상기체로부터 벗어나는 기상 혼합물에서 성분 휘산도를 계산하는 방법에 대해 살펴보았고, 제3장에서는 활동도 계수 모델을 이용하여 Lewis-Randall 법칙이 성립하는 이상용액으로부터 벗어나는 액상혼합물에서 성분 휘산도를 계산하는 방법을 살펴보았다. 기상 혼합물에 대해서는 휘산도 계수를 이용하여 휘산도를 계산하고, 액상 혼합물에 대해서는 활동도 계수를 이용하여 휘산도를 계산하는 것은 계산상의 편의를 위한 것일 뿐 휘산도 자체가 달라지는 것은 아니다. 식 3.2.17을 이용하면 액상 혼합물의 성분 휘산도를 휘산도 계수를 통해 나타낼 수도 있고, 기상 혼합물의 성분 휘산도도 활동도 계수를 통해 나타낼 수도 있다. 하지만, 액상 혼합물은 기준 상태를 이상기체보다 이상용액으로 선택하는 것이 계산에 더 편리하고, 기상 혼합물은 기준 상태를 이상용액보다 이상기체로 선택하는 것이 계산에 더 편리하다. 제4장에서 살펴본 활동도 계수 모델들(Margules, van Laar, Wilson, NRTL, UNIQUAC 등)은 활동도 계수가 압력에 거의 독립적이라는 가정이 내포되어 있다. 압력이 높은 경우, 즉 압력이 활동도 계수에 미치는 영향을 무시할 수 없을 경우에는 이들 활동도 계수 모델들을 사용할 수 없다. 고압에서 기액평형은 보기 2-4, 2-5에서와 같이 상태방정식을 이용하여 액상과 기상의 성분 휘산도를 계산한다. 즉, 액상과 기상 모두 기준 상태를 이상기체로 선택하여 고압에서의 기액평형을 기술하였다. 여기에서는 압력이 너무 높지 않아서 액상의 비이상성을 4장에서 살펴본 활동도 계수 모델들을 이용할 수 있는 범위에서 기액평형을 기술해 보고자 한다.

5.1 기액평형 기술을 위한 감마-파이 모델

기액평형을 이루고 있는 혼합물에서 기상과 액상에 있는 각 성분은 동일한 휘산도를 가진다. 따라서, 기액평형을 판정하기 위해서는 기상과 액상에서의 휘산도를 계산하는 것이 필요하다. 혼합물의 기액평형을 기술하기 위해 액상의 조성은 x, 기상의 조성은 y로 나타내기로 하자. 액상의 성분 휘산도는 활동도 계수를 이용하여 다음과 같이 나타낼 수 있다.

$$\hat{f}_i^L(T,P,x) = x_i\gamma_i(T,x)f_i(T,P)(\text{성분의 수가 } n\text{이라면 } i=1, \cdots, n) \quad (3.2.14)$$

여기에서 성분 i의 활동도 계수는 압력에 의한 영향을 무시할 수 있으며 온도와 조성에만 의존한다고 가정한다(압력이 크게 높지 않은 경우에는 이 가정은 적절하다). $f_i(T,P)$는 순수성분 i의 휘산도로서 다음과 같이 나타낼 수 있다.

$$f_i(T,P) = P_i^{sat}(T)\phi_i^{sat}(T,P)\exp\left[\frac{1}{RT}\int_{P_i^{sat}}^{P} V_i^L dP\right] \quad (2.1.22)$$

대부분 액체가 비압축성이므로 순수성분 i의 액체상태의 몰부피 V_i^L은 일정하다고 간주하면 지수부분의 적분은 간단하게 계산된다.

$$f_i(T,P) = P_i^{sat}(T)\phi_i^{sat}(T,P)\exp\left[\frac{V_i^L(P-P_i^{sat})}{RT}\right] \quad (2.1.26)$$

따라서, 액상의 성분 휘산도는 다음과 같이 나타낼 수 있다.

$$\hat{f}_i^L(T,P,x) = x_i\gamma_i(T,x)P_i^{sat}(T)\phi_i^{sat}(T,P)\exp\left[\frac{V_i^L(P-P_i^{sat})}{RT}\right] \quad (5.1.1)$$

이제 기상의 성분 휘산도를 고려해 보자. 식 3.2.17을 통해 기상의 성분 휘산도 다음과 같이 나타낼 수 있다.

$$\hat{f}_i^V(T,P,y) = y_i\hat{\phi}_i(T,P,y)P \quad (3.2.17)$$

여기에서 $\hat{\phi}_i$는 기상에서 성분 i 휘산도 계수에 해당한다. 혼합물이 기액 평형상태에 있다면 각 성분에 대해 기상과 액상의 휘산도는 동일해야 한다. 즉, $\hat{f}_i^L = \hat{f}_i^V$이므로 다음 식이 성립한다(식의 간편성을 위해 $\gamma_i(T,x)$를 γ_i로, $\hat{\phi}_i(T,P,x)$를 $\hat{\phi}_i$로 나타내기로 하자).

$$x_i \gamma_i P_i^{sat} \phi_i^{sat} \exp\left[\frac{V_i^L(P-P_i^{sat})}{RT}\right] = y_i \hat{\phi}_i P \tag{5.1.2}$$

(성분의 수가 n이라면 $i=1, \cdots, n$)

식 5.1.2는 기액평형에 적용되는 표현으로서 액상에 대해서는 활동도 계수를, 기상에 대해서는 휘산도 계수를 이용하기 때문에 감마－파이(γ/ϕ) 모델이라고 부르기도 한다. 식 5.1.2는 다음과 같이 간단히 나타낼 수도 있다.

$$x_i \gamma_i P_i^{sat} = y_i \Phi_i P \tag{5.1.3}$$

여기에서 Φ_i는 다음과 같이 정의된다.

$$\Phi_i = \frac{\hat{\phi}_i}{\phi_i^{sat}} \exp\left[-\frac{V_i^L(P-P_i^{sat})}{RT}\right] \tag{5.1.4}$$

압력이 크게 높지 않을 때 포인팅 인자의 값은 거의 1에 가깝기 때문에 식 5.1.4는 간단히

$$\Phi_i = \frac{\hat{\phi}_i}{\phi_i^{sat}} \tag{5.1.5}$$

이 된다. 기액평형 기술을 위해 감마－파이 모델을 사용할 때 γ_i, P_i^{sat}, Φ_i, $\hat{\phi}_i$을 계산하기 위한 자료나 이론식이 필요하다. 활동도 계수 γ_i는 제4장에서 다루었던 Margules, Wilson, NRTL, UNIQUAC/UNIFAC 등의 모델을 이용하여 계산할 수 있으며, 증기압 P_i^{sat}의 경우는 주로 다음과 같이 주어지는 Antonie 식을 이용하여 계산된다.

$$\ln P_i^{sat} = A_i - \frac{B_i}{T+C_i} \tag{5.1.6}$$

여기에서 상수 A, B, C는 각 성분에 따라 고유의 값을 가지고 있으며 많은 물질에 대한 자료가 제공되고 있다. 휘산도 계수 $\hat{\phi}_i$는 비리얼 상태식, 반 데어 발스, Redlich/

Kwong, Soave/Redlich/Kwong, Peng/Robionson 등의 3차 상태방정식을 이용하여 계산할 수 있다. 식 5.1.3에서 $\gamma_i = 1$, $\Phi_i = 1$이면 다음과 같이 Raoult의 법칙이 된다.

$$x_i P_i^{sat} = y_i P \tag{5.1.7}$$

Raoult의 법칙은 액상이 이상용액이면서 계의 압력이 낮아 기상을 이상기체로 간주할 수 있을 때 성립한다.

5.2 감파-파이 모델을 이용한 이슬점과 기포점의 계산

순수한 유체는 주어진 압력에서 끓는점 온도와 이슬점 온도가 동일하다. 그러나 혼합물의 경우에는 압력과 조성이 일정할 때 끓는점과 이슬점은 동일하지 않게 된다. 예를 들어, 근사적으로 Raoult의 법칙을 따르는 아세토니트릴(1)/니트로메탄(2)의 이성분계를 고려해보자. 이 계의 압력은 70 kPa이고 아세토니트릴과 니트로메탄의 몰 혼합비율이 6 : 4라고 할 때, Raoult의 법칙과 Antoine 식을 이용하여 끓는점 온도와 이슬점 온도를 계산하면 각각 76.42℃와 79.58℃로 계산된다. 즉, 계의 온도가 낮은 온도에서 76.42℃에 도달하면 액상으로 존재하던 혼합물에서 최조의 증기 방울이 형성되며, 이때의 온도를 액체의 끓는점(기포점) 온도(bubble point temperature)로 정의한다. 기포점 온도에서는 용액의 부분적인 증발에 의해 기포의 형성이 시작되는 시점이므로 액상의 조성은 초기 액상의 조성과 동일하다고 생각할 수 있으며($x_1 = 0.6$), 이를 이용하여 기포점 온도에서 초기 기포의 조성을 계산하면 $y_1 = 0.7472$가 된다. 반대로 계의 온도가 높은 온도에서 79.58℃로 떨어질 때 증기혼합물은 최초의 액체 방울이 형성하게 된다. 이때의 온도를 이슬점 온도(dew point temperature)라고 한다. 이슬점 온도에서는 증기의 부분적인 응축에 의해 액체 방울이 형성되기 시작하는 시점이므로 증기의 조성은 초기 증기의 조성과 동일하다고 할 수 있으며($y_1 = 0.6$), 이를 이용하여 이슬점 온도에서 초기 액체 방울의 조성을 계산하면 $x_1 = 0.4351$이 된다. 결론적으로 압력이 70 kPa로 고정될 때 60몰% 아세토니트릴(1) / 40몰% 니트로메탄(2) 계의 끓는 현상과 응축현상은 이슬점 온도(79.58℃)와 기포점 온도(76.42℃) 사이의 온도영역에서 일어날 수 있다. 이러한 현상은 고정된 압력에서 순수한 유체의 끓음과 응축이 단일온도에서 일어나는 것과 대조된다. 이슬점과 기포점 온도는 압력뿐만 아니라 조성에도 의존한다.

이슬점 및 기포점 계산문제는 기－액 평형의 주요 공학적 관심이며 다음의 네 가지 형태가 있다.

- 기포 압력(BUBL P) : 주어진 액상의 조성과 온도로부터 기포의 조성과 압력 계산
- 이슬 압력(DEW P) : 주어진 기상의 조성과 온도로부터 이슬의 조성과 압력 계산
- 기포 온도(BUBL T) : 주어진 액상의 조성과 압력으로부터 기포의 조성과 온도 계산
- 이슬 온도(DEW T) : 주어진 기상의 조성과 압력으로부터 이슬의 조성과 온도 계산

감마－파이 모델을 이용하여 위에서 기술된 네 가지 형태의 기포점, 이슬점 계산문제를 다루는 방법을 살펴보기로 하자. 감마－파이 모델을 사용하기 전에 식 5.1.3에 나타난 Φ_i, γ_i, P_i^{sat}가 어떤 변수에 의존하는 지를 아는 것은 중요하다.

$$\Phi_i = f(T,\ P,\ y_1,\ y_2,\ \cdots\ ,\ y_{n-1})$$
$$\gamma_i = f(T,\ x_1,\ x_2,\ \cdots\ ,\ x_{n-1})$$
$$P_i^{sat} = f(T)$$

위에서 Φ_i는 온도, 압력 및 기상 조성의 함수이며, 활동도 계수는 γ_i는 온도와 액상 조성의 함수이다. 따라서 BUBL P, DEW P, BUBL T, DEW T의 문제에서 반복계산이 필요함을 알 수 있다. 예를 들면, BUBL P에서 기상의 조성 $\{y_i\}$와 P를 계산하기 위해서는 Φ_i를 알아야 하는데 Φ_i는 계산하고자 하는 $\{y_i\}$와 P의 함수이다. 따라서, Φ_i의 초기치를 가정하고 적절한 제약조건을 만족할 때까지 반복계산을 통해 $\{y_i\}$와 P를 계산한다. 기상이나 액상의 조성을 계산하기 위한 제약조건은 다음과 같다.

$$y_i = \frac{x_i \gamma_i P_i^{sat}}{\Phi_i P} \quad \Rightarrow \quad 1 = \sum_i \frac{x_i \gamma_i P_i^{sat}}{\Phi_i P} \tag{5.2.1}$$

$$x_i = \frac{y_i \Phi_i P}{\gamma_i P_i^{sat}} \quad \Rightarrow \quad 1 = \sum_i \frac{y_i \Phi_i P}{\gamma_i P_i^{sat}} \tag{5.2.2}$$

위의 식들을 압력 P에 대해 정리하면 다음과 같다.

$$P = \sum_i \frac{x_i \gamma_i P_i^{sat}}{\Phi_i} \tag{5.2.3}$$

$$P = \frac{1}{\sum_i y_i \Phi_i / \gamma_i P_i^{sat}} \tag{5.2.4}$$

이제 BUBL P, DEW P, BUBL T, DEW T 문제를 푸는 방법에 대해 구체적으로 알아보도록 하자.

1. BUBL P 계산

액상의 조성과 온도가 주어질 때 기상의 조성과 압력을 계산하는 문제이다. 온도와 액상의 조성이 주어져 있으므로 P_i^{sat}, γ_i는 고정된다. 식 5.1.8을 이용하여 y_i를 계산하기 위해서는 Φ_i의 값이 필요한데, Φ_i는 계산하고자 하는 P와 y_i의 함수이다. 따라서, Φ_i 값을 계산하기 위해 P와 y_i에 대한 초기치 설정이 필요하다. 이를 위해 다음과 같이 수정된 Raoult의 법칙을 가정한다.

$$y_i = x_i \gamma_i P_i^{sat} / P \text{ , } \sum_i y_i = 1 \quad \Rightarrow \quad P\text{, } y_i \text{의 초기치 계산}$$

P와 y_i의 초기치를 이용하여 Φ_i를 계산하고 이를 식 5.2.1에 대입하여 y_i를 계산한다. 계산된 y_i는 표준화($y_i = y_i / y_T$, $y_T = \sum_i y_i$)를 거쳐 다시 Φ_i를 계산하고 식 5.2.1에 대입하여 y_i를 계산한다. $\sum_i y_i = 1$의 조건을 만족하지 않으면 압력을 수정하여 다시 Φ_i의 값을 계산하는 과정을 반복한다. 즉, $\sum_i y_i > 1$인 경우에는 기상의 조성을 감소시키기 위해 압력을 높이고, $\sum_i y_i < 1$인 경우에는 기상의 조성을 증가시키기 위해 압력을 낮춘다. 그림 5.1은 BUBL P 계산을 위한 전체의 과정을 나타낸다. Φ_i에 계산에 있어서 휘산도 계수는 비리얼 상태식이나 Redlich/Kwong, Soave/Redlich/Kwong, Peng/Robionson 등의 3차 상태방정식을 이용하여 계산할 수 있으며, 활동도 계수는 Margules, Wilson, NRTL, UNIQUAC/UNIFAC 등의 모델을 이용하여 계산하면 된다.

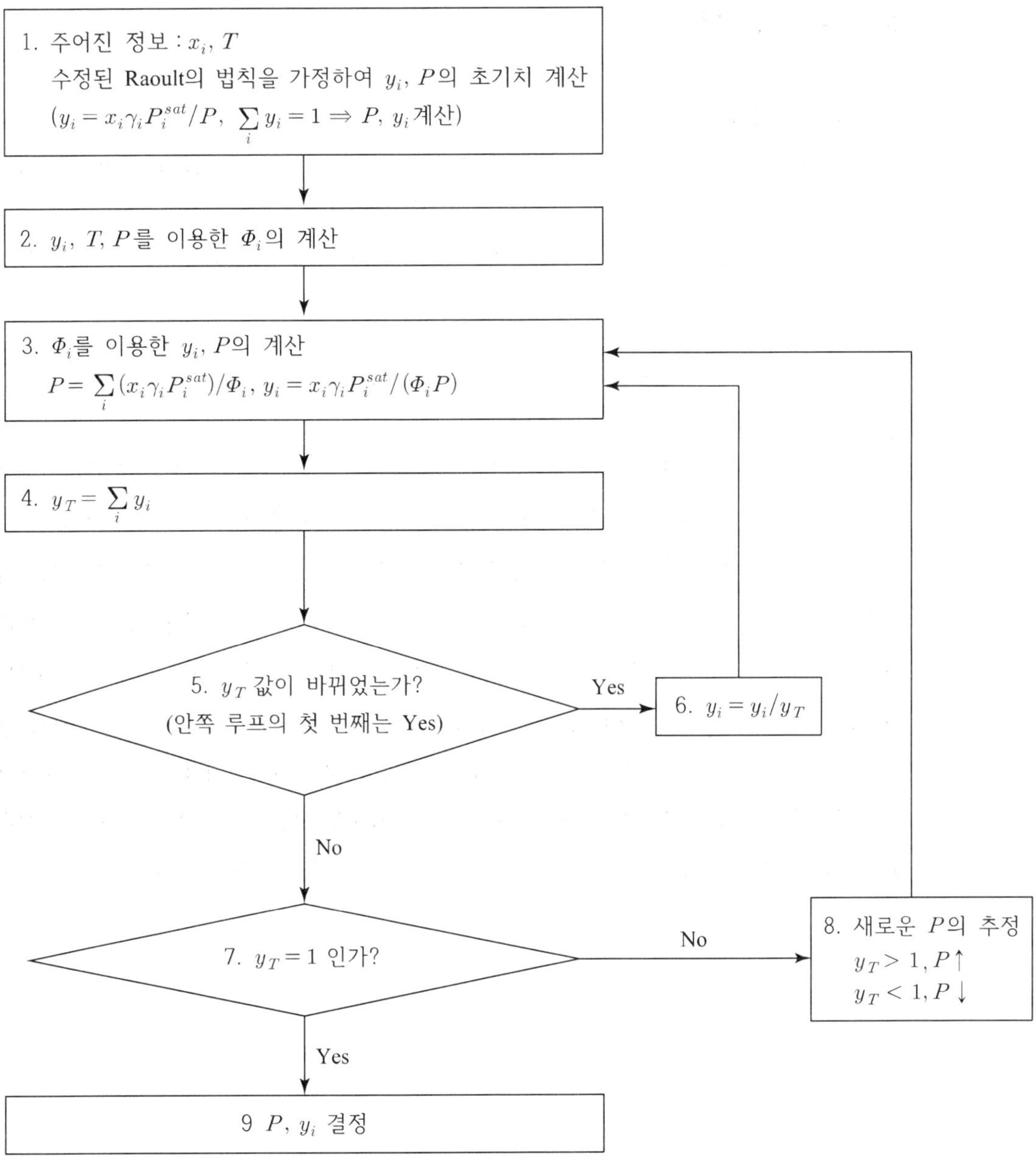

그림 5.1 BUBL P 계산을 위한 블록선도.

2. DEW P 계산

기상의 조성과 온도가 주어질 때 액상의 조성과 압력을 계산하는 문제이다. 온도가 주어지므로 P_i^{sat}는 고정되지만, 액상의 조성을 모르기 때문에 BUBL P 문제와는 달리 γ_i가 고정되지 않는다. 따라서 액상의 조성, 압력에 대한 초기치를 설정을 통해 γ_i, Φ_i를 계산하는 것이 필요하다. x_i와 P의 초기치 설정을 위해 다음과 같이 Raoult의 법칙을 가정한다.

$$x_i = y_i P / P_i^{sat}\ ,\ \sum_i x_i = 1 \quad \Rightarrow \quad P,\ x_i \text{ 의 초기치 계산}$$

P, x_i의 초기치와 주어진 정보를 이용하여 Φ_i, γ_i를 계산한 뒤, 식 5.2.2를 이용하여 x_i를 계산한다. 계산된 x_i는 표준화($x_i = x_i / x_T$, $x_T = \sum_i x_i$)를 거쳐 다시 γ_i를 계산하고, $\sum_i x_i = 1$을 만족하지 않으면 압력을 수정하여 다시 Φ_i, x_i, γ_i를 계산하는 과정을 반복한다. $\sum_i x_i > 1$인 경우에는 액상의 조성을 감소시키기 위해 압력을 낮추고, $\sum_i x_i < 1$인 경우에는 액상의 조성을 증가시키기 위해 압력을 높인다. 그림 5.2는 DEW P 계산을 위한 전체의 과정을 나타낸다. DEW P 문제에서는 액상의 조성이 정해져 있지 않기 때문에, 반복계산을 통해 액상의 조성이 바뀔 때마다 활동도 계수가 바뀌므로 BUBL P 문제보다는 좀 더 복잡하다. BUBL P문제와 동일하게 활동도 계수는 활동도 계수 모델을, 휘산도 계수는 상태방정식을 활용하여 계산하면 된다.

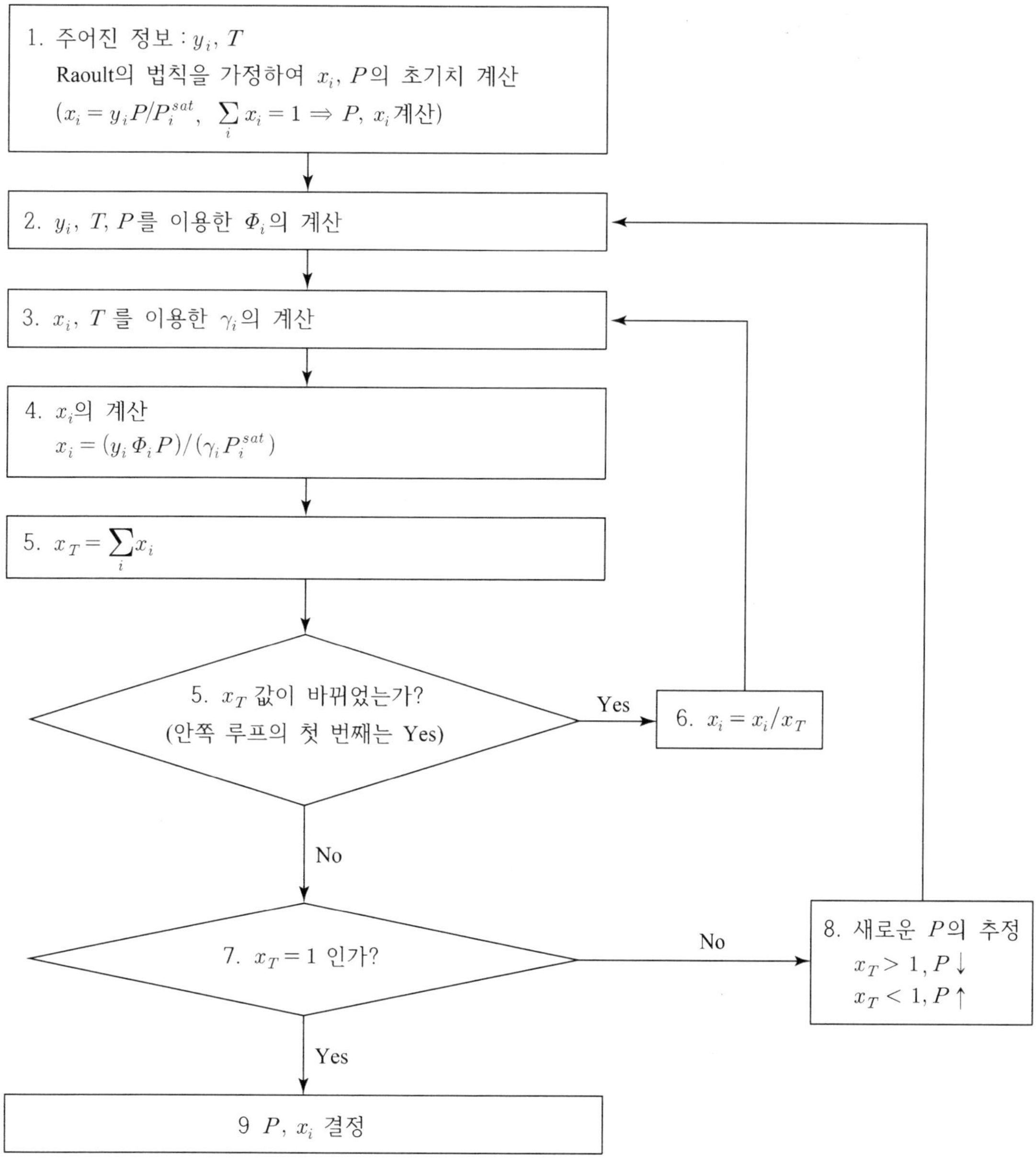

그림 5.2 DEW P 계산을 위한 블록선도.

3. BUBL T 계산

액상의 조성과 압력이 주어질 때 기상의 조성과 온도를 계산하는 문제이다. BUBL P, DEW P 문제와 달리 온도가 주어지지 않으므로 γ_i와 Φ_i의 초기치를 계산하기 위해서는 온도뿐만 아니라 기상의 초기치가 필요하다. 온도의 초기치는 알려진 액상의 조성을 이용하여 다음과 같이 계산한다.

$$T = \sum_i x_i T_i^{sat} \ , \quad T_i^{sat} = \frac{B_i}{A_i - \ln P} - C_i$$

여기에서 T_i^{sat}는 주어진 압력에서 Antoine 식을 이용하여 계산된 포화온도에 해당한다. 온도의 초기치가 계산되면 Raoult의 법칙을 가정하여 기상 조성의 초기치를 계산한다. 온도와 기상의 조성이 계산되면 주어진 정보와 함께 γ_i, Φ_i를 계산하고 식 5.2.1을 이용하여 y_i를 계산한다. 계산된 y_i는 표준화($y_i = y_i / y_T$, $y_T = \sum_i y_i$)를 거쳐 다시 Φ_i를 계산하고 식 5.2.1에 대입하여 y_i를 계산한다. $\sum_i y_i = 1$의 조건을 만족하지 않으면 온도를 수정하여 다시 γ_i, Φ_i의 값을 계산하는 과정을 반복한다. 즉, $\sum_i y_i > 1$인 경우에는 기상의 조성을 감소시키기 위해 온도를 낮추고, $\sum_i y_i < 1$인 경우에는 기상의 조성을 증가시키기 위해 온도를 높인다. 그림 5.3은 BUBL T 계산을 위한 전체의 과정을 나타낸다. BUBL T 문제에서는 기상의 조성과 온도가 정해져 있지 않기 때문에 반복계산을 통해 기상의 조성과 온도가 바뀔 때마다 Φ_i, γ_i를 새로 계산해야 한다. 활동도 계수는 활동도 계수 모델을, 휘산도 계수는 상태방정식을 활용하여 계산하도록 한다.

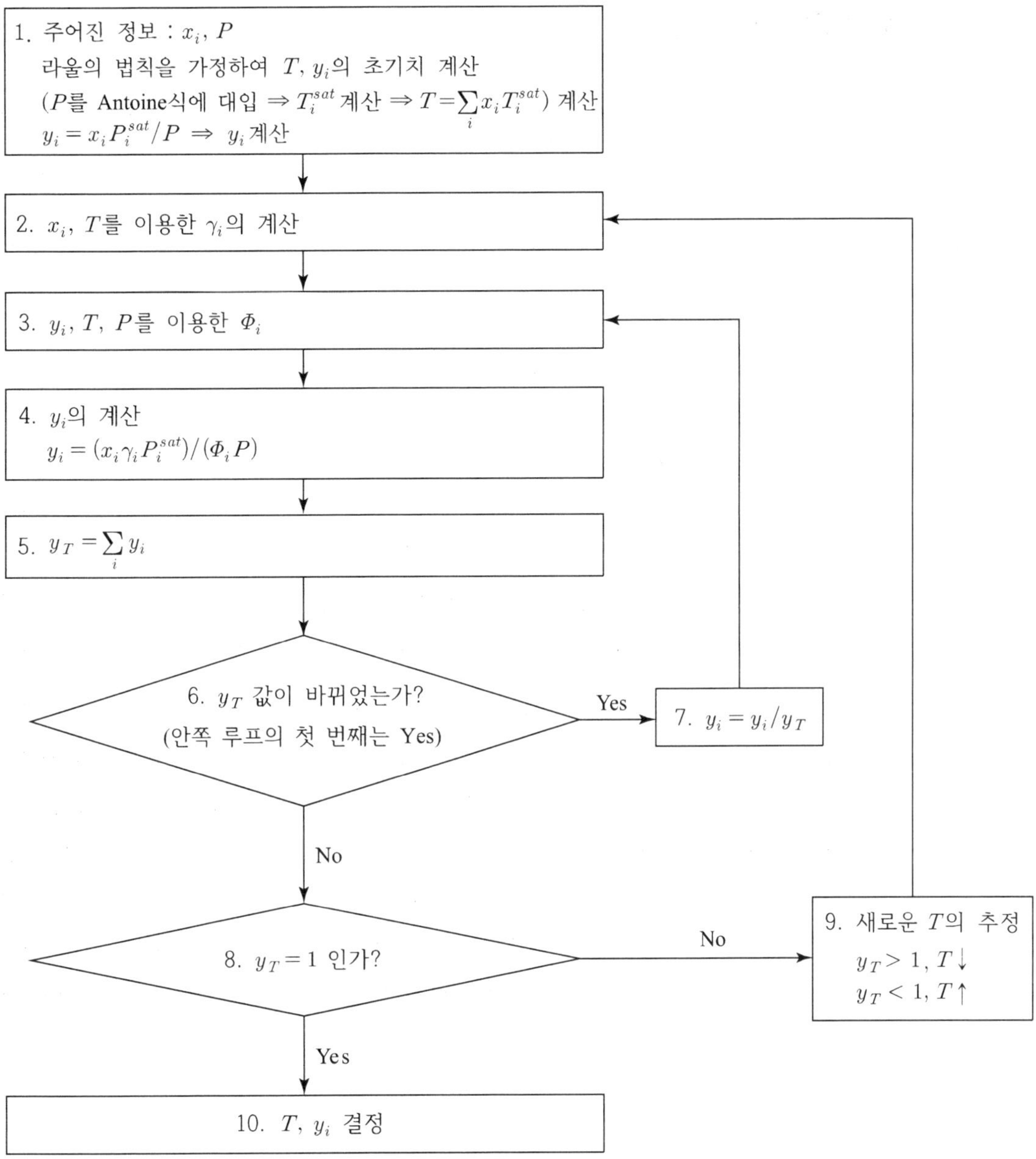

그림 5.3 BUBL T 계산을 위한 블록선도.

4. DEW T 계산

기상의 조성과 압력이 주어질 때 액상의 조성과 온도를 계산하는 문제이다. BUBL T 문제와 같이 온도가 주어지지 않으므로 γ_i와 Φ_i의 초기치를 계산하기 위해서는 온도뿐만 아니라 액상의 초기치가 필요하다. 온도의 초기치는 BUBL T와 유사하게 알려진 기상의 조성을 이용하여 다음과 같이 계산한다.

$$T = \sum_i y_i T_i^{sat}\ , \quad T_i^{sat} = \frac{B_i}{A_i - \ln P} - C_i$$

온도의 초기치가 계산되면 Raoult의 법칙을 가정하여 액상 조성의 초기치를 계산한다. 온도와 액상의 조성이 계산되면 주어진 정보와 함께 γ_i, Φ_i를 계산하고 식 5.2.2를 이용하여 x_i를 계산한다. 계산된 x_i는 표준화($x_i = x_i/x_T$, $x_T = \sum_i x_i$)를 거쳐 다시 γ_i를 계산하고 식 5.2.2에 대입하여 x_i를 계산한다. $\sum_i x_i = 1$의 조건을 만족하지 않으면 온도를 수정하여 다시 γ_i, Φ_i의 값을 계산하는 과정을 반복한다. 즉, $\sum_i x_i > 1$인 경우에는 액상의 조성을 감소시키기 위해 온도를 높이고, $\sum_i x_i < 1$인 경우에는 액상의 조성을 증가시키기 위해 온도를 낮춘다. BUBL T 문제에서와 같이 온도가 정해져 있지 않기 때문에 반복계산을 통해 온도와 더불어 액상의 조성이 바뀔 때마다 Φ_i, γ_i를 새로 계산해야 한다. 활동도 계수는 활동도 계수 모델을, 휘산도 계수는 상태방정식을 활용하여 계산하도록 한다. 그림 5.4는 DEW T 계산을 위한 전체의 과정을 나타내었다. BUBL P, DEW P, BUBL T, DEW T 문제 중에서 γ_i가 고정되는 경우는 액상의 조성과 온도가 주어지는 BUBL P 문제뿐이며, 나머지의 경우에는 매 반복계산 과정에서 γ_i와 Φ_i가 새롭게 계산된다.

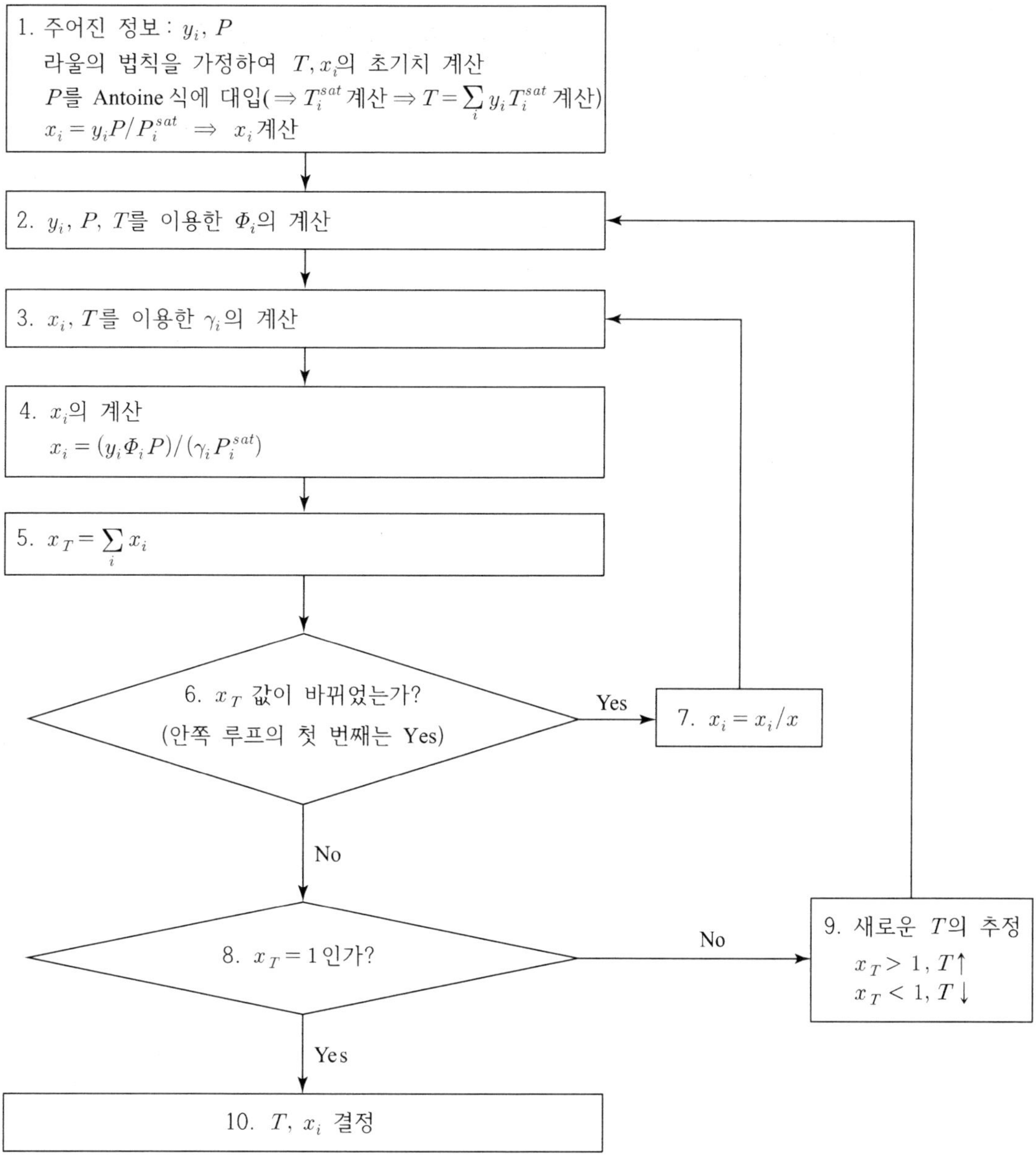

그림 5.4 DEW T 계산을 위한 블록선도.

5.3 감파-파이 모델을 이용한 플래쉬 문제의 계산

5.2절에서는 공학에서 중요한 네 가지 타입의 기액평형 문제를 계산하는 방법에 대해서 살펴보았다. 본절에서는 조성이 알려진 기체 또는 액체를 압력이나 온도를 바꿈으로써 부분적으로 액화하거나 기화하여 기액평형을 이루는 플래쉬(flash) 문제를 감마-파이 모델을 이용하여 풀이하는 방법에 대해 살펴보자. 전체 몰수가 1인 계를 고려해 보자. 이 중에서 액상의 몰수는 L, 기상의 몰수는 V라고 하면

$$L + V = 1 \tag{5.3.1}$$

이 된다. 전체조성을 z_i, 액상에서의 조성을 x_i, 기상의 조성을 y_i라고 하면 질량보존의 법칙에 의해 다음 식이 성립한다.

$$z_i = x_i L + y_i V \tag{5.3.2}$$

식 5.3.1을 이용하여 식 5.3.2에서 L을 소거하면

$$z_i = x_i(1 - V) + y_i V \tag{5.3.3}$$

이 된다. 기상의 조성과 액상의 조성의 비로 정의되는 평형비 K_i를 도입해 보자.

$$K_i = \frac{y_i}{x_i} \tag{5.3.4}$$

평형비 K_i는 물질이 기상과 액상 사이에서 그 자체가 선택적으로 나누어지려는 경향을 나타내는 편리한 척도로 사용된다. $x_i = y_i / K_i$를 식 5.3.3에 대입하고 y_i에 대하여 정리하면

$$y_i = \frac{z_i K_i}{1 + V(K_i - 1)} \tag{5.3.5}$$

이 된다. $\sum_i y_i = 1$이므로

$$\sum_i \frac{z_i K_i}{1 + V(K_i - 1)} = 1 \tag{5.3.6}$$

이 된다. 또한, 식 5.3.5를 $x_i = y_i / K_i$를 이용하여 x_i에 대하여 정리하면

$$x_i = \frac{z_i}{1 + V(K_i - 1)} \tag{5.3.7}$$

이 된다. 따라서,

$$\sum_i \frac{z_i}{1 + V(K_i - 1)} = 1 \tag{5.3.8}$$

식 5.3.6과 5.3.8을 뺀 후 정리하면

$$\sum_i \frac{z_i(K_i - 1)}{1 + V(K_i - 1)} = 0 \tag{5.3.9}$$

이 된다. 이제 감마－파이 모델을 이용하여 플래쉬 문제를 푸는 방법을 살펴보자. K 값은 다음과 같이 계산될 수 있다.

$$K_i = \frac{y_i}{x_i} = \frac{\gamma_i P_i^{sat}}{\Phi_i P} \tag{5.3.10}$$

여기에서는 온도와 압력 그리고 전체 조성이 주어진 경우 기상과 액상의 조성을 계산하는 플래쉬 문제를 고려한다. 만약 K 값이 알려지면 식 5.3.9에서 V를 계산할 수 있다(전체 조성 z_i는 주어지므로). V가 계산되면 식 5.3.5와 5.3.7을 이용하여 y_i와 x_i를 계산할 수 있다. 하지만, K 값을 모르기 때문에 적절한 초기치를 대입하여 반복계산이 필요하다. K_i의 초기치를 계산하기 위해서는 γ_i, Φ_i, P에 대한 적절한 추정치가 필요하게 된다. 주어진 T, P 및 조성에서 계가 실제로 포화증기와 포화액체의 혼합물로 이루어져 있는지 알 수 없기 때문에 예비계산이 필요하다. 즉, 주어진 조성에서 온도와 압력에 따라 계는 과열증기 상태나 과냉각 액체로도 존재할 수 있으며 이런 경우에는 계산에서 제외된다. 주어진 T, P 및 조성에서 계가 포화증기와 포화액체의 혼합물로 존재하기 위해서는 계의 압력이 이슬점 압력보다는 높고 기포점 압력보다는 낮아야 한다. 이때의 기포점 압력은 $\{x_i\} = \{z_i\}$로 두고 BUBL P 문제를 풀면 되고, 이슬점 압력은 $\{y_i\} = \{z_i\}$로 두고 DEW P 문제를 풀면 된다. BUBL P 계산을 통해 얻어진 값들을 P_{bubl}, $\gamma_{i,bubl}$, $\hat{\phi}_{i,bubl}$이라고 하고, DEW P 계산을 통해 얻어진 값들을 P_{dew}, $\gamma_{i,dew}$, $\hat{\phi}_{i,dew}$이라고 하면 γ_i, $\hat{\phi}_i$, P의 추정치는 다음과 같이 내삽을 통해 얻

어질 수 있다.

$$\frac{\gamma_i - \gamma_{i,dew}}{\gamma_{i,bubl} - \gamma_{i,dew}} = \frac{\hat{\phi}_i - \hat{\phi}_{i,dew}}{\hat{\phi}_{i,bubl} - \hat{\phi}_{i,dew}} = \frac{P - P_{dew}}{P_{bubl} - P_{dew}} = \frac{V-1}{0-1} \tag{5.3.11}$$

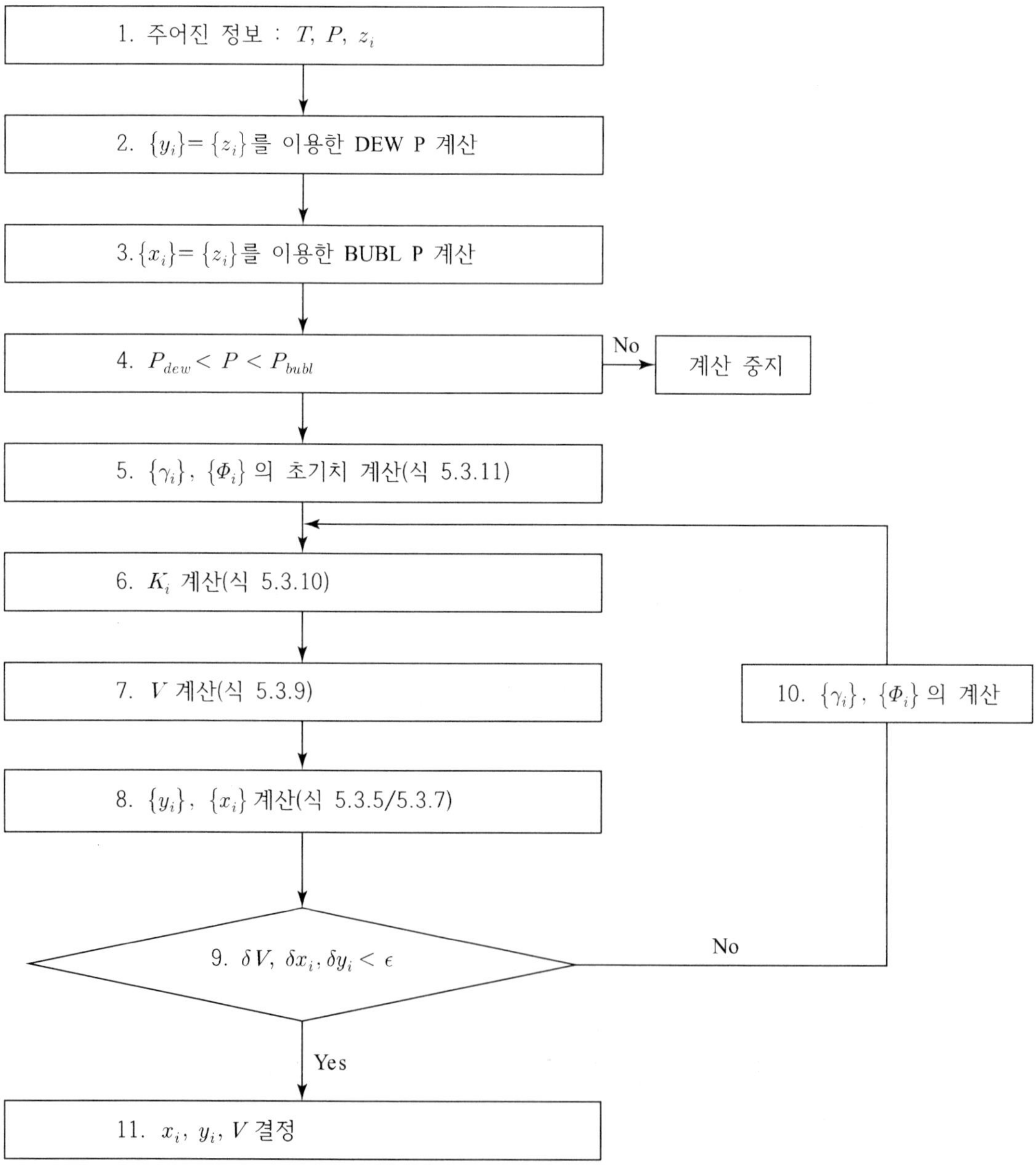

그림 5.5 플래쉬 계산을 위한 블록선도.

위의 식에서 이슬점에서는 거의 모든 성분이 기상으로 존재하므로 $V=1$이며, 기포점에서는 거의 모든 성분이 액상으로 존재하므로 $V=0$이 된다. 식 5.3.11을 통해 γ_i, $\hat{\phi}_i$이 계산되면 식 5.3.10에 대입하여 K_i의 초기값을 계산할 수 있다(P_i^{sat}, ϕ_i^{sat}는 DEW P, BUBL P에서 계산됨). 이 K_i의 값을 식 5.3.9에 대입하여 V를 계산한 다음 식 5.3.5와 5.3.7을 이용하여 y_i와 x_i를 계산한다. y_i와 x_i는 다시 γ_i, $\hat{\phi}_i$를 계산하는데 이용되고 식 5.3.10을 통해 새로운 K_i 값이 계산된다. 이러한 반복계산을 $\sum_i x_i = 1$, $\sum_i y_i = 1$을 만족할 때까지 수행함으로써 기상과 액상의 조성이 계산된다. 그림 5.5는 플래쉬 계산 과정을 전체를 나타내었다.

보기 5-1

감마-파이 모델을 이용한 기액평형 데이터 해석[18)]

서로 다른 두 온도에서 측정된 methanol(1)/dimethyl carbonate(2) 계의 기액평형 데이터가 다음과 같이 주어진다. 순수성분의 액상 몰부피는 $V_1 = 40.73$, $V_2 = 84.82\ \mathrm{cm^3/mol}$로서 온도와 무관하다. 428.15 K에서 제2비리얼 계수는 아래와 같다. 실험 데이터를 적절히 해석할 수 있는 모델링 방법을 제안해 보라.

$B_{11} = -320.29,\ B_{22} = -663.46,\ B_{12} = -460.98\ \mathrm{cm^3/mol}$

methanol(1)/dimethyl carbonate(2) 계의 기액평형 실험 데이터

T = 337.35 K			T = 428.15 K		
x_1	y_1	P(kPa)	x_1	y_1	P(kPa)
0	0	41.02	0	0	566.47
0.0069	0.0230	42.11	0.0062	0.0189	576.56
0.0955	0.3241	55.19	0.0930	0.2609	719.04
0.1999	0.5072	68.23	0.1838	0.4327	862.38
0.3033	0.6168	78.79	0.2758	0.5509	996.22
0.3974	0.6857	86.55	0.3757	0.6432	1127.59
0.4993	0.7406	93.16	0.4759	0.7145	1245.56
0.5986	0.7823	97.96	0.5716	0.7705	1345.49
0.6982	0.8161	101.23	0.6855	0.8267	1445.39
0.7999	0.8431	102.91	0.7935	0.8735	1515.80
0.8500	0.8517	103.05	0.9001	0.9201	1556.04
0.9001	0.8851	102.67	0.9426	0.9456	1563.29
0.9502	0.9373	101.71	1	1	1565.62
1	1	99.91			

풀이 337.35 K에서의 기액평형 데이터를 살펴보면 계의 최대 압력이 1기압 근처이므로 기상을 이상기체로 간주할 수 있으며, 포인팅 인자의 값도 1로 둘 수 있다. 따라서, $\Phi_i = 1$이므로 감마-파이 모델을 나타내는 식 5.1.3은 다음과 같이 간단히 나타낼 수 있다.

$$x_i \gamma_i P_i^{sat} = y_i P \tag{A}$$

위의 식은 수정된 Raoult의 법칙으로 불린다. 즉, 수정된 Raoult의 법칙은 액상은 비이상 용액으로, 기상은 이상기체로 기술할 수 있는 계에 적용될 수 있다. 기액평형 데이터를 수정된 Raoult의 법칙과 활동도 계수 모델로서 Wilson 식을 선택하면 보기 4-7에서와 같이 한 온도에서의 기액평형 데이터를 이용하여 다른 온도에서의 Wilson 식의 매개변수 Λ_{12}, Λ_{21}을 계산할 수 있다. 따라서, 337.35 K에서의 기액평형 데이터를 이용하여 428.15 K에서의 Wilson 식의 매개변수를 계산하여 428.15 K 기액평형 데이터를 해석해볼 수 있다. 하지만 428.15 K에서의 기액평형 데이터를 살펴보면 계의 압력이 낮지 않으므로 기상을 이상기체로 간주하는 것은 바람직하지 않다. 따라서, 428.15 K에서 비리얼 계수에 대한 정보가 주어져 있으므로 기상의 비이상 거동을 비리얼 상태식을 이용하여 기술하도록 한다. 즉, 428.15 K에서의 기액평형은 다음의 감마-파이 모델을 이용하도록 한다.

$$x_i \gamma_i P_i^{sat} = y_i \Phi_i P \tag{5.1.3}$$

위의 식에서 Φ_i는 비리얼 상태식과 포인팅 인자를 통해 계산할 수 있으며(식 5.1.4 참조), γ_i는 Wilson 식을 이용하여 계산한다. 문제의 풀이 단계를 정리하면 다음과 같다.

1단계 : 수정된 Raoult의 법칙과 Wilson 식을 이용한 337.35 K에서 기액평형 데이터 모델링을 통해 Wilson 식에서 매개변수 계산(Λ_{12}, Λ_{21}, λ_{12}, λ_{21}) 및 이를 활용한 기액평형 예측

2단계 : 1단계에서 계산된 매개변수 λ_{12}, λ_{21}을 이용하여 428.15 K에서 Wilson 식의 매개변수 Λ_{12}, Λ_{21} 계산하고 Wilson 식(액상)과 비리얼 식(기상)을 이용한 감마-파이 모델을 통한 428.15 K에서의 기액평형 예측

3단계 : 2단계에서 기액평형에 예측이 적절하지 않은 경우에는 주어진 428.15 K에서 주어진 실험 데이터를 직접 이용하여 Wilson 식의 매개변수를 계산한 후에 감마-파이 모델을 적용

STEP 1 1단계는 보기 4-7과 유사하다. R 프로그램을 이용하여 풀어보자.

```
# Step 1
# 일정한 온도에서 기액평형 데이터를 입력받은 후 수정된 Raoult의 법칙을 이용하여
# Wilson 식의 매개변수 Λ12, Λ21을 계산하고 이를 활용하여 액상에 조성에 따른
# 기상의 조성과 계의 압력을 계산하는 함수 VLE_Roult( ) 정의
######################################################
VLE_Roult=function(x,y,Pressure) {  # VLE_Roult( )의 정의 시작부분
```

```
  x1=x; y1=y; P=Pressure # 기액평형 실험데이터(입력인수)
  n=length(x1) # 데이터의 개수
  Psat1=99.91 # 337.35 K에서 성분 1의 증기압(x_1 =1일 때의 P)
  Psat2=41.02 # 337.35 K에서 성분 2의 증기압(x_1 =0일 때의 P)

# x_1 =0,1일 때의 y_1, P 값을 제외(두 성분 중에 어느 하나라도
# γ_i =y_i P/(x_i P_i^sat)을 이용하여 값을 계산을 할 수 없는 경우 제외)
  x1=x1[-c(1,n)]
  y1=y1[-c(1,n)]
  P=P[-c(1,n)]

  x2=1-x1
  y2=1-y1

# 수정된 Raoult의 법칙을 이용한 활동도 계수 계산
  gam1=y1*P/(x1*Psat1)
  gam2=y2*P/(x2*Psat2)

# 활동도 계수를 이용한 과잉 깁스 에너지 계산
  GE_RT=x1*log(gam1)+x2*log(gam2)

# Wilson 식에 의해 주어진 과잉 깁스 에너지를 계산하는 함수정의
  WilGibbs=function(lamda) {
    lam12=lamda[1]
    lam21=lamda[2]
    return(-x1*log(x1+lam12*x2)-x2*log(lam21*x1+x2))
  }

# Wilson 식의 매개변수를 추정하기 위한 목표함수 정의
```

$$\# \ OBJ = \sum \left[\frac{\left(\frac{G^E}{RT}\right)_{\text{exp}} - \left(\frac{G^E}{RT}\right)_{\text{model}}}{\left(\frac{G^E}{RT}\right)_{\text{exp}}} \right]^2 \quad \text{(보기 4-7 참조)}$$

```
  OBJ=function(lamda) {
    sum(((GE_RT-WilGibbs(lamda))/GE_RT)^2)
  }

  para=optim(c(0.5,0.5),OBJ) # 목적함수 OBJ를 최소로 하는 Λ_12, Λ_21 계산
  lamda=para$par # Λ_12, Λ_21을 변수 lamda에 저장

# Wilson 식을 이용한 활동도 계수 계산 함수 정의
  gam_c=function(lamda,x) {
```

```
    lam12=lamda[1]; lam21=lamda[2]
    x1=x ; x2=1-x1
    res=cbind(-log(x1+lam12*x2)+x2*(lam12/(x1+lam12*x2)-lam21/(x2+lam21*x1)),
              -log(x2+lam21*x1)-x1*(lam12/(x1+lam12*x2)-lam21/(x2+lam21*x1)))
    return(exp(res)) # 주어진 액상 조성에 대한 활동도 계수 γ1, γ2를 리턴
  }

# 액상 조성이 주어지면 수정된 Raoult의 법칙을 이용하여 평형 기상조성과 계의
# 압력을 추정하는 함수 정의
  Pycal=function(x) {
    x1=x ; x2=1-x1
    gamma=gam_c(lamda,x1) # 실험 데이터로부터 계산된 Λ12, Λ21을 이용한 γ1, γ2 계산
    Pcal=gamma[,1]*x1*Psat1+gamma[,2]*x2*Psat2 # 계의 압력 계산
    y1cal=gamma[,1]*x1*Psat1/Pcal  # 기상의 조성 계산
    return(cbind(x1,y1cal,Pcal)) # 액상, 기상의 조성 및 계의 압력을 리턴
  }

  xc=seq(0,1,0.01) # 0에서 1까지 조성이 0.01씩 증가하는 벡터
  Pyc=Pycal(xc) # 액상 조성 벡터 xc에 대응하는 기상 조성 및 압력 벡터
  return(list(VLE=Pyc,lamda=lamda)) # 함수 VLE_Roult에 최종적으로 리턴되는 값
} # 함수 VLE_Roult의 정의가 끝나는 지점

#####################################################
# 337.35 K에서의 기액평형 데이터
x1=c(0,0.0069, 0.0955, 0.1999, 0.3033, 0.3974, 0.4993, 0.5986, 0.6982, 0.7999,
     0.85, 0.9011, 0.9502, 1)
y1=c(0,0.023, 0.3241, 0.5072, 0.6168, 0.6857, 0.7406, 0.7823, 0.8161, 0.8431,
     0.8517, 0.8851, 0.9373, 1)
P=c(41.02, 42.11, 55.19, 68.23, 78.79, 86.55, 93.16, 97.96, 101.23, 102.91,
    103.05, 102.67, 101.71, 99.91)

res=VLE_Roult(x1,y1,P) # 함수 VLE_Roult에 기액평형 실험값을 인수로 대입함
res # 액상 조성벡터 xc=c(0,0.01, 0.02, … , 0.09, 1)에 대응하는 기상조성 및 압력(kPa)
$VLE
        x1      y1cal      Pcal
  [1,] 0.00 0.00000000  41.02000
  [2,] 0.01 0.05199037  42.83925
  [3,] 0.02 0.09876444  44.61481
  [4,] 0.03 0.14107212  46.34757
  …
```

```
 [97,] 0.96 0.94660517 101.74220
 [98,] 0.97 0.95784399 101.41864
 [99,] 0.98 0.97032272 101.01578
[100,] 0.99 0.98427654 100.51890
[101,] 1.00 1.00000000  99.91000
$lamda
[1] 0.9260003 0.2643370
```

```
# 실험값과 모델에 의해 추정된 값의 비교(그림 5.6)
x11()
plot(x1,P,xlim=c(0,1),ylim=c(30,110), xlab=expression(paste(x[1],", ",y[1],sep=""))
                    ,ylab="P (kPa)",pch=1)
par(new=TRUE)
plot(y1,P,xlim=c(0,1),ylim=c(30,110),xlab="",ylab="",pch=2)

lines(res[,1],res[,3],lty=1)
lines(res[,2],res[,3],lty=2)
grid()
```

그림 5.6에서 보는 바와 같이 수정된 Raoult의 법칙에 따른 추정값은 실험값에 대한 좋은 근사를 보여주고 있다.

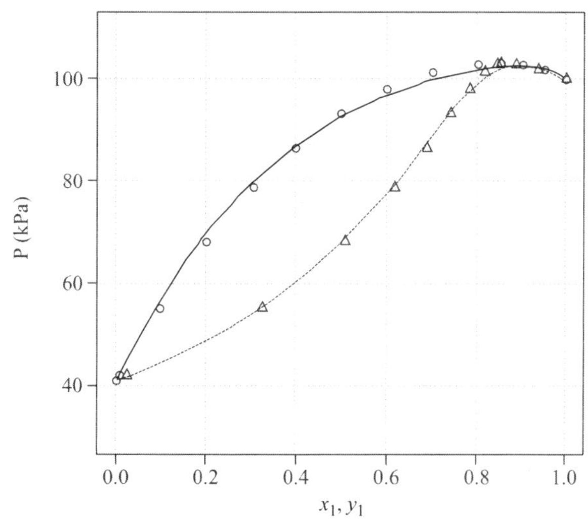

그림 5.6 337.35 K에서 methanol(1)/dimethyl carbonate(2)의 Pxy 그래프. 실험값은 빈 원(x_1)과 삼각형(y_1)을 나타내며, 실선과 점선은 수정된 Raoult의 법칙에 의해 추정된 값을 나타낸다.

STEP 2 이제 428.15 K에서의 기액평형 예측을 감마-파이 모델을 이용하여 예측해보자. 428.15 K

에서의 Wilson 식의 매개변수를 계산하기 위해 337.35 K에서의 기형평형 데이터로부터 얻어진 $\Lambda_{12}, \Lambda_{21}$ 값을 이용하도록 한다. 즉 $\Lambda_{12}, \Lambda_{21}$의 값을 식 4.4.12를 통해 온도와 무관한 변수 $\lambda_{12}, \lambda_{21}$을 계산한다.

$$\Lambda_{12} = \left(\frac{V_2}{V_1}\right)\exp(-\lambda_{12}/RT),\ \Lambda_{21} = \left(\frac{V_1}{V_2}\right)\exp(-\lambda_{21}/RT) \qquad (4.4.12)$$

여기서는 $\lambda_{12}, \lambda_{21}$를 계산하기보다 이들을 기체상수 R로 나눈 값을 계산하도록 한다. λ_{12}/R과 λ_{21}/R도 온도에 무관한 상수로서 kelvin 온도 단위로 표시되는 에너지에 해당된다. 계산된 λ_{12}/R과 λ_{21}/R과 온도(428.15 K)를 식 4.4.12에 대입하면 그 온도에서의 $\Lambda_{12}, \Lambda_{21}$을 계산할 수 있다. 428.15 K에서의 기액평형을 감마－파이 모델을 통해 예측해 보기 위해 액상의 조성에 바꾸어 가면서 BUBL P 문제를 풀어보자. BUBL P는 주어진 온도와 액상조성에 대해 평형을 이루고 있는 기상조성과 압력을 계산하는 문제이다. 아래의 식에서 보는 바와 같이 액상조성과 온도의 함수인 활동도 계수는 Wilson 식을 통해 결정되겠지만, 온도, 압력 및 기상의 조성의 함수로 나타나는 Φ_i와 P를 둘 다 모르기 때문에 반복과정이 필요하다(그림 5.1).

$$x_i\gamma_i P_i^{sat} = y_i\Phi_i P \qquad (5.1.3)$$

Φ_i의 초기값을 계산하기 위해 y_i와 P의 값을 설정해 주는 것이 필요하며, 기상의 이상기체로 가정한 수정된 Raoult의 법칙을 이용하여 액상에 조성에 대응하는 기상의 조성과 압력의 계산한다. 비리얼식(식 2.2.29)과 식 5.1.4를 이용하여 Φ_i가 계산되면 아래와 같이 P를 계산하고, 계산된 P를 이용하여 y_i가 계산된다. 새롭게 계산된 P, y_i를 이용하여 Φ_i를 계산하는 과정을 그림 5.1에서와 같이 $\sum_i y_i = 1$을 만족할 때까지 반복하여 기상의 평형조성과 압력을 계산하도록 한다.

$$P = \sum_i x_i\gamma_i P_i^{sat}/\Phi_i\ ,\quad y_i = x_i\gamma_i P_i^{sat}/(P\Phi_i)\ \Rightarrow \Phi_i \text{ 계산}$$

그림 5.1에서 안쪽 루프는 생략할 수 있다. R을 이용하여 2단계 과정을 풀어보자(R 코드는 편의상 분리했을 뿐 1단계의 코드와 연결된다. 즉, 1단계에서 저장된 환경변수를 그대로 이용한다).

```
ls( ) # Step 1의 코드를 실행시킨 후 생성된 변수(객체)
[1] "P"            "res"          "VLE_Roult" "x1"          "y1"

rm("x1","y1","P") # 337 K에서의 x1, y1, P 데이터를 저장한 변수 삭제
lamda1=res$lamda # T=337.35에서의 기액평형 데이터를 통해 얻어진 Λ12, Λ21

T1=337.35
T2=428.15
```

```
V1=40.73; V2=84.82 # 순수성분의 액상 몰부피 cm^3/mol
L12R=-log(lamda1[1]*V1/V2)*T1  #λ12/R 계산
L21R=-log(lamda1[2]*V2/V1)*T1  #λ21/R 계산

#식 4.4.12를 이용한 T=428.15에서의 Λ12, Λ21 계산
lamda2=c((V2/V1)*exp(-L12R/T2), (V1/V2)*exp(-L21R/T2))
lamda2
[1] 1.0996533 0.3000131

# 수정된 Raoult의 법칙을 이용하여 액상의 조성, Wilson 식의 매개변수(Λ12, Λ21),
# 순수성분의 증기압을 인수로 취하여 기상의 평형조성, 계의 압력, 활동도 계수를 리턴함
# 함수 YPini( ) 정의(감마-파이 모델에서 Φi 의 초기값을 계산하기 위한 yi, P를 계산함)
YPini=function(x,lam,p){
   x1=xc; x2=1-x1
   psat=p; lamda=lam
   gam_c=function(lamda,x) { # Wilson 식을 이용하여 활동도 계수 계산 함수정의
   lam12=lamda[1]; lam21=lamda[2]
   x1=x ; x2=1-x1
   res=cbind(-log(x1+lam12*x2)+x2*(lam12/(x1+lam12*x2)-lam21/(x2+lam21*x1)),
             -log(x2+lam21*x1)-x1*(lam12/(x1+lam12*x2)-lam21/(x2+lam21*x1)))
   return(exp(res))
  } # gam_c( ) 함수 정의 끝부분

   gamma=gam_c(lamda,x1) # 활동도 계수 계산
   Pcal=gamma[,1]*x1*psat[1]+gamma[,2]*x2*psat[2] # 계의 압력 계산
   y1cal=gamma[,1]*x1*psat[1]/Pcal # 기상의 조성 y1 계산
   return(cbind(x1,y1cal,Pcal,gamma)) # 리턴값 지정
  }

xc=seq(0,1,0.01) # 기액평형을 계산하고자 하는 액상 조성범위
Psat=c(15.6562,5.6647) # 각 성분의 증기압(bar)
res2=YPini(xc,lamda2,Psat) # 수정된 Raoult의 법칙을 적용하여 yi, P를
res2[c(1:5,95:101),] # res2에 저장된 값 중에서 1~5, 6~101행의 내용을 선택하여 표시
     # 순서대로 x1, y1, P, γ1, γ2
       x1      y1cal      Pcal
 [1,] 0.00 0.00000000  5.664700 1.831237 1.000000
 [2,] 0.01 0.04829898  5.892879 1.817938 1.000037
 [3,] 0.02 0.09237761  6.117331 1.804730 1.000148
 [4,] 0.03 0.13276795  6.338095 1.791614 1.000335
 [5,] 0.04 0.16991633  6.555211 1.778588 1.000600
```

```
 [6,] 0.94 0.94810270 15.631338 1.007018 2.386782
 [7,] 0.95 0.95526220 15.647427 1.004976 2.471557
 [8,] 0.96 0.96291075 15.659649 1.003253 2.563263
 [9,] 0.97 0.97111842 15.667418 1.001870 2.662688
[10,] 0.98 0.97996763 15.670030 1.000850 2.770737
[11,] 0.99 0.98955601 15.666632 1.000218 2.888451
[12,] 1.00 1.00000000 15.656200 1.000000 3.017039
```

```
V=c(V1,V2)
B=c(-320.29, -663.46) # 각 성분의 비리얼 계수 cm^3/mol
R=83.14 # cm^3 bar/mol K
Phi=exp(B*Psat/(R*T2)) # 순수성분 1과 2의 휘산도 계수(φ1^sat, φ2^sat) (ln φi = BP/RT)
Phi
[1] 0.8686007 0.8998016
BM=matrix(c(-320.29,-460.98,-460.98,-663.46),ncol=2,byrow=TRUE)
BM # 성분 휘산도 계산을 위한 비리얼 계수 행렬 (보기 2-7 참조)
```

```
        [,1]    [,2]
[1,] -320.29 -460.98
[2,] -460.98 -663.46
```

```
# 기상의 조성과 압력을 인수로 받아 Φi를 계산하는 함수 정의
PPHi=function(y,p) {
    y1=y; y2=1-y1
    yc=c(y1,y2)
    P=p
    Bm=t(yc)%*%BM%*%yc
    Zm=(1+sqrt(1+4*Bm*P/(R*T2)))/2
    Bijs=as.vector(BM%*%yc)
    phi_hat=exp(2*P/(Zm*R*T2)*Bijs-log(Zm))
    return(phi_hat/(Phi*Poyn)) # Φ1과 Φ2를 리턴
}

# 수정된 Raoult의 법칙을 통해 계산된 기상과 압력을 함수 PPHi( )에 대입하여
# Φi를 계산하기 위해 for 루프를 이용
yini=res2[,2]; Pini=res2[,3]; Gamma=res2[,4:5]
PPH_ini=NULL # Φi 초기값을 저장하기 위한 변수 설정
for (i in 1:length(yini)) {
  PPH_ini=rbind(PPH_ini, PPHi(yini[i],Pini[i]))
}
```

```
PPH_ini[c(1:5,95:101),]  # Φi의 초기값이 저장된 변수 PPH_ini에서 1~5, 95~101행을
 # 선별하여 출력
              [,1]       [,2]
 [1,] 1.1200675 0.9934575
 [2,] 1.1165679 0.9881509
 [3,] 1.1131859 0.9829940
 [4,] 1.1099115 0.9779772
 [5,] 1.1067363 0.9730919
 [6,] 0.9879837 0.7984047
 [7,] 0.9877584 0.7986334
 [8,] 0.9875823 0.7989828
 [9,] 0.9874631 0.7994701
[10,] 0.9874106 0.8001157
[11,] 0.9874363 0.8009440
[12,] 0.9875544 0.8019841

yc=numeric(length(xc)) # 기상조성을 저장하기 위한 변수의 초기화
Pe=numeric(length(xc)) # 압력을 저장하기 위한 변수의 초기화

for (i in 1:length(xc)) { # for 루프의 시작
  x=c(xc[i],1-xc[i]); gamma=Gamma[i,]
  pphi=PPH_ini[i,]
  repeat {  # repeat 반복 구문 시작
  Ps=sum(x*gamma*Psat/pphi)
  yi=x*gamma*Psat/(pphi*Ps)
  yT=sum(yi)
  if (abs(yT-1)<0.0001) break
  else {
    Ps=Ps*yT
  }
  yi=yi/yT
  pphi=PPHi(yi[1],Ps)
  } # repeat 구문의 끝
  yc[i]=yi
  Pe[i]=Ps
} # for 루프의 끝

# 428.15 K에서 기액평형 실험 데이터
x1=c(0, 0.0062, 0.093, 0.1838, 0.2758, 0.3757, 0.4759, 0.5716, 0.6855, 0.7935,
     0.9001, 0.9426, 1)
y1=c(0, 0.0189, 0.2609, 0.4327, 0.5509, 0.6432, 0.7145, 0.7705, 0.8267, 0.8735,
```

```
    0.9201, 0.9456, 1)
P=c(566.47, 576.56, 719.04, 862.38, 996.22, 1127.59, 1245.56, 1345.49, 1445.39,
    1515.80, 1556.04,1563.29, 1565.62)*0.01

# 그림 5.7 작성
x11()
plot(x1,P,xlim=c(0,1),ylim=c(0,20), xlab=expression(paste(x[1],", ",y[1],sep=""))
    ,ylab="P (bar)",pch=1)
par(new=TRUE)
plot(y1,P,xlim=c(0,1),ylim=c(0,20),xlab="",ylab="",pch=2)
lines(xc,Pe,lty=1)
lines(yc,Pe,lty=2)
grid()
```

그림 5.7에서 보는 바와 같이 428.15 K에서 기액평형의 실험값과 감마－파이 모델에 의한 예측값은 잘 맞지 않는다. 이 시점에서 337.35 K에서 계산된 Wilson 식의 매개변수를 428.15 K까지 확장해서 적용하는 것은 적절하지 않다고 생각할 수 있다. 따라서, 428.15 K에서의 기액평형 데이터로부터 직접 Wilson 식의 매개변수를 계산한 뒤 2단계의 계산과정을 수행해 보자. 즉, 3 단계에서는 계산과정은 2단계와 같지만 Wilson 식의 매개변수의 값이 달라질 것이다.

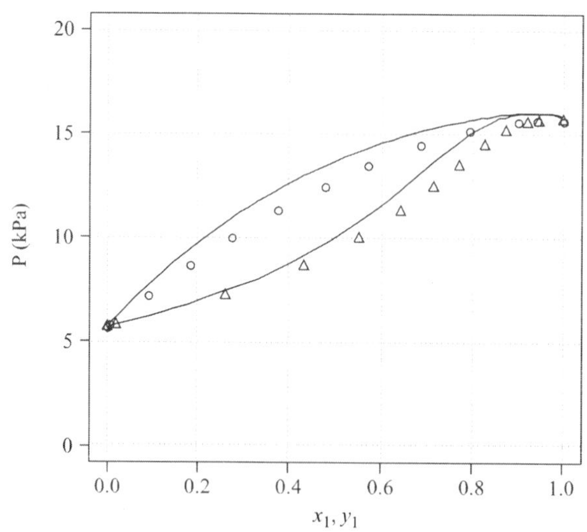

그림 5.7 428.15 K에서 methanol(1)/dimethyl carbonate(2)의 Pxy 그래프. 실험값은 빈 원(x_1)과 삼각형(y_1)을 나타내며, 실선과 점선은 감마－파이 모델에 의해 추정된 값을 나타낸다. Wilson 식의 매개변수는 337.35 K에서의 기액평형 데이터로부터 λ_{12}, λ_{21}을 추정하고 이를 이용하여 428.15 K에서의 Λ_{12}, Λ_{21}을 계산하였다.

STEP 3 428.15 K에서 기액평형 데이터로부터 Wilson 식의 매개변수를 계산하기 위해서는 활동도 계수를 계산하여야 한다. 식 5.1.3으로부터 활동도는 기액평형 데이터로부터 다음과 같이 계산될 수 있다.

$$\gamma_i = \frac{y_i \Phi_i P}{x_i P_i^{sat}} \tag{B}$$

활동도 계수가 기액평형 데이터로 측정되면 다음의 목적함수를 최소화 시키는 매개변수 Λ_{12}, Λ_{21}을 계산하도록 한다.

$$OBJ = \sum \left[\left(\frac{G^E}{RT} \right)_{\exp} - \left(\frac{G^E}{RT} \right)_{model} \right]^2 \tag{C}$$

Wilson 식의 매개변수가 계산되면 2단계의 동일한 과정을 통해 BUBL P 문제를 풀면 된다. 3단계과정을 위한 R 프로그램은 다음과 같다(편의상 프로그램을 분리하였을 뿐 R 코드는 1, 2와 연결된다. 즉 1, 2단계에서 정의된 함수 및 변수값을 그대로 사용한다).

```
# 428.15 K에서의 기액평형 데이터 x1, y1, P 값을 이용한
# Wilson 식의 매개변수 Λ12, Λ21 계산
 n=length(x1) # 데이터의 총 측정회수
 xn=x1[-c(1,n)] ;yn=y1[-c(1,n)] # x1 = 0,1의 값은 제외
 Pn=P[-c(1,n)]

 x=cbind(xn,1-xn); y=cbind(yn,1-yn)
 ExgamC=NULL # 활동도 계수를 저장을 위한 변수
 for (i in 1:length(x[,1])){ # 각 액상 조성에 대한 식 (B)를 이용한 활동도 계수 계산
   ExgamC=rbind(ExgamC,(y[i,]*PPHi(y[i],Pn[i]))*Pn[i]/(x[i,]*Psat))
 }

# 실험 데이터로부터 계산된 활동도 계수로부터 과잉 깁스 에너지 계산
 GE_RT=x[,1]*log(ExgamC[,1])+x[,2]*log(ExgamC[,2])

 WilGibbs=function(lamda) { # Wilson 식에 의한 활동도 계산함수 정의
   lam12=lamda[1]
   lam21=lamda[2]
   return(-x[,1]*log(x[,1]+lam12*x[,2])-x[,2]*log(lam21*x[,1]+x[,2]))
 }

 OBJ=function(lamda) { # 식 (C)의 목적함수
   sum((GE_RT-WilGibbs(lamda))^2)
 }
```

```
  para=optim(c(0.5,0.5),OBJ)
  lamda=para$par
  lamda  # 428.15 K에서의  기액평형 데이터로부터 추정된 Λ12, Λ21
[1] 1.5830998 0.2428703

res3=YPini(xc,lamda,Psat) # 수정된 Raoult의 법칙을 이용한 yi, P의 초기치 계산
yini=res3[,2]; Pini=res3[,3]; Gamma=res3[,4:5]

PPH_ini=NULL
for (i in 1:length(yini)) { # yi, P의 초기치를 이용한 Φi의 초기치 계산
  PPH_ini=rbind(PPH_ini,PPHi(yini[i],Pini[i]))
}

yc=numeric(length(xc)) # 평형 기상조성의 저장을 위한 변수의 초기화
Pe=numeric(length(xc)) # 계의 압력 저장을 위한 변수의 초기화
for (i in 1:length(xc)) { # 액상의 각 조성에 대한 BUBL P 문제를 풀기 위한 루프
  x=c(xc[i],1-xc[i]); gamma=Gamma[i,]
  pphi=PPH_ini[i,]
  repeat { # 그림 5.1에서 반복 루프(안쪽 루프는 생략되었음)
    Ps=sum(x*gamma*Psat/pphi)
    yi=x*gamma*Psat/(pphi*Ps)
    yT=sum(yi)
    if (abs(yT-1)<0.0001) break
    else {
      Ps=Ps*yT
    }
    yi=yi/yT
    pphi=PPHi(yi[1],Ps)
  }
  yc[i]=yi[1]
  Pe[i]=Ps
}
# 그림 5.8 작성
x11()
plot(x1,P,xlim=c(0,1),ylim=c(0,20), xlab=expression(paste(x[1],", ",y[1],sep=""))
      ,ylab="P (bar)",pch=1)
par(new=TRUE)
plot(y1,P,xlim=c(0,1),ylim=c(0,20),xlab="",ylab="",pch=2)
lines(xc,Pe,lty=1)
lines(yc,Pe,lty=2)
grid()
```

3단계에서 추정된 Wilson 식의 매개변수는 $\Lambda_{12}=1.5830998$, $\Lambda_{21}=0.2428703$로서 2단계에서 추정된 $\Lambda_{12}=1.0996533$, $\Lambda_{21}=0.3000131$ 차이가 있음을 알 수 있으며 이러한 매개변수의 개선은 그림 5.7과 5.8의 비교에서 잘 드러난다. 따라서, 한 온도에서 측정된 Wilson 식의 매개변수를 식 4.4.12를 이용하여 다른 온도에서의 매개변수를 추정할 때에는 온도차이가 너무 크지 않은지 주의할 필요가 있다. 337.35 K와 428.15 K는 90.8 K의 온도 차이가 있다.

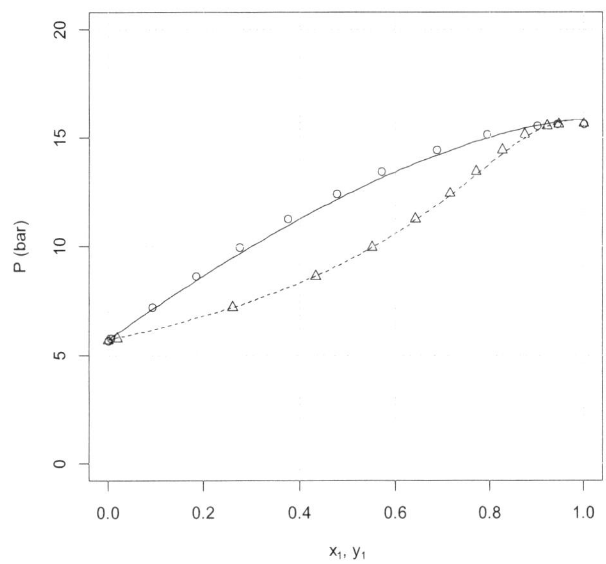

그림 5.8 428.15 K에서 methanol(1)/dimethyl carbonate(2)의 Pxy 그래프. 실험값은 빈 원(x_1)과 삼각형(y_1)을 나타내며, 실선과 점선은 감마-파이 모델에 의해 추정된 값을 나타낸다. Wilson 식의 매개변수는 428.15 K에서의 기액평형 데이터로부터 직접 Λ_{12}, Λ_{21}을 계산하였다.

보기 5-2 **감마-파이 모델을 이용 기액평형 해석(Wilson 식과 Peng/Robinson 식 이용)**

보기 5-1에서 428.15 K에서의 methanol(1)/dimethyl carbonate(2) 계의 기액평형 데이터를 Wilson 식(액상)과 Peng/Robinson 식(기상)을 이용하여 해석해보자.

풀이 보기 5-1에서와 동일하게 감마-파이 모델을 적용하되 기상의 비이상 거동을 비리얼 식이 아닌 Peng/Robinson 식을 이용하여 기술한다. 따라서, 휘산도 계수를 포함하는 Φ_i의 계산

18) Dahm, K.D. and D.P. Visco Jr. Fundamentals of Chemical Engineering Thermodynamics. (Cemgage Learning, 2015), p. 542. Example 12-1.

방식만 달라질 뿐이다. Peng/Robinson식을 이용한 순수성분의 휘산도 계수는 보기 2-2에서 다루었으며, 혼합물의 경우는 보기 2-4에서 다루었다. 따라서, 보기 2-2 및 2-4에서 사용된 R code를 일부 사용하여 Φ_i 를 계산하고, 나머지는 부분은 보기 5-1에서의 R 코드를 사용하면 된다. Peng/Robinson 식을 혼합물에 적용할 때 매개변수 a_{mix}, b_{mix}는 식 2.2.15, 2.2.16을 이용하여 계산하며, 상호작요 매개변수 k_{ij}는 주어져 있지 않으므로 0으로 두도록 하자. 문제에 풀이의 단계는 다음과 같다.

1단계 : 428.15 K의 기액평형 데이터로부터 활동도 계수를 계산하고 이를 이용하여 Wilson 식의 매개변수 Λ_{12}, Λ_{21} 계산

2단계 : 수정된 Raoult의 법칙을 가정하여 BUBL P 문제를 풀어서 기상의 조성과 압력에 대한 초기치 계산

3단계 : 2단계에서 계산된 초기치와 함께 감마-파이 모델을 이용하여 BUBL P 문제를 계산

이제 R 프로그램을 이용하여 문제를 풀어보도록 하자.

```
require(rootSolve) # multiroot( ) 함수를 이용하기 위한 패키지 로더

Tc=c(512.16,557) #  성분 1과 2의 임계온도(K)(순서대로)
Pc=c(80.97,49.088) # 성분 1과 2의 임계압력(bar)(순서대로)
w=c(0.564,0.346) # 성분 1과 2의 이심인자(순서대로)
k=0.0 # 식 2.2.16의 상호작용 매개변수

# Peng/Robionson 식의 Ψ, Ω
psi=0.45727
om=0.0778
TK=428.15 # 기액평형 온도
R=83.14 # bar · cm3/mol
V1=40.73; V2=84.82 # 순수성분들의 액상 몰부피
V=c(V1,V2)

# Peng/Robinson 식의 α(Tr)=(1+k(w)(1-√Tr))^2 계산을 위한 함수 정의
ka_PR=function(w) 0.37464+1.54226*w-0.26992*w^2
al_PR=function(Tr) (1+ka_PR(w)*(1-sqrt(Tr)))^2

Tr=TK/Tc
ac=psi*(R*Tc)^2/Pc
at=ac*al_PR(Tr)  # Peng/Robinson 식의 매개변수 a(T) 계산(식 2.1.15 참조)
b=om*R*Tc/Pc  # Peng/Robinson 식의 매개변수 b 계산
Psat=c(15.6562, 5.6647)  # 성분 1과 2의 증기압(bar)
```

```
# 주어진 온도(428.15 K)에서 순수성분들의 포화 휘산도 계수 계산 함수 정의
phi_sat=function(p) {
P=p
B=b*P/(R*TK)
A=at*P/(R*TK)^2
Z_PR=function(Z) Z^3-(1-B)*Z^2+(A-3*B^2-2*B)*Z-(A*B-B^2-B^3)
FugaC_PR=function(Z) exp(Z-1-log(Z-B)-A/(sqrt(8)*B)*
                          log((Z+(1+sqrt(2))*B)/(Z+(1-sqrt(2))*B)))

# 성분 1에 대한 매개변수를 이용한 (순수)성분 1에 대한 휘산도 계수 계산
A1=A[1];A2=A[2];B1=B[1];B2=B[2]
A=A1; B=B1
Zval=multiroot(Z_PR,c(0,1))$root
 phi1=FugaC_PR(Zval[2])

# 성분 2에 대한 매개변수를 이용한 (순수)성분 2에 대한 휘산도 계수 계산
A=A2; B=B2
Zval=multiroot(Z_PR,c(0,1))$root
phi2=FugaC_PR(Zval[2])
return(c(phi1,phi2))
}
```

```
# φ1^sat, φ2^sat 계산
Phisat=phi_sat(Psat)
Phisat
[1] 0.8673854 0.9031508
```

```
# Φi(y, P) 계산 함수 정의
PPHi=function(y,p) {
  x=y; P=p
  k=0
   Am=function(y) { # a_mix 계산 함수 정의(식 2.2.15 참조)
    x=y
    ak=c(1,1-k)*at
    am=at[1]*x[1]^2+2*sqrt(at[1]*at[2])*(1-k)*x[1]*x[2]+at[2]*x[2]^2
    return(am*P/(R*TK)^2)
  }
   Bm=function(y) { # b_mix 계산 함수 정의(식 2.2.15 참조)
    x=y
    bm=sum(x*b)
```

```
    return(bm*P/(R*TK))
  }
    Aijs=function(y) { # 식 2.2.23에서 ∑_j y_j A_ij 계산 함수 정의
    x=y
    aij=c(at[1]*x[1]+sqrt(at[1]*at[2])*(1-k)*x[2],at[2]*x[2]+sqrt(at[1]*at[2])*(1-k)*x[1])
    return(aij*P/(R*TK)^2)
  }

  Z_PR=function(Z) Z^3-(1-B)*Z^2+(A-3*B^2-2*B)*Z-(A*B-B^2-B^3)

  phi_hat=function(Z,y) { # φ̂_i 계산 함수의 정의(식 2.2.23 참조)
    x=y
    InfugaC=Bi/B*(Z-1)-log(Z-B)-A/(sqrt(8)*B)*(2*Aijs(x)/A-Bi/B)*
      log((Z+(1+sqrt(2))*B)/(Z+(1-sqrt(2))*B))
    return(exp(InfugaC))
  }

  Bi=b*P/(R*TK) # 식 2.2.23에서 β_i 계산
  A=Am(y) # 식 2.2.23에서 A_mix 계산
  B=Bm(y) # 식 2.2.23에서 β_mix 계산

  Zval=multiroot(Z_PR,c(0,1))$root
  phihat=phi_hat(Zval[2],y) # φ̂_i 계산
  Poyn=exp(V*(P-Psat)/(R*TK)) # 포인팅 인자 계산
  return(phihat/(Phisat*Poyn))  # Φ_i를 리턴
} # Φ_i(y,P) 계산 함수의 마지막 부분

# 기액평형 데이터
x1=c(0, 0.0062, 0.093, 0.1838, 0.2758, 0.3757, 0.4759, 0.5716, 0.6855, 0.7935,
    0.9001, 0.9426, 1)
y1=c(0, 0.0189, 0.2609, 0.4327, 0.5509, 0.6432, 0.7145, 0.7705, 0.8267, 0.8735,
    0.9201, 0.9456, 1)
P=c(566.47, 576.56, 719.04, 862.38, 996.22, 1127.59, 1245.56, 1345.49, 1445.39,
   1515.80, 1556.04,1563.29, 1565.62)*0.01

n=length(x1) # 데이터의 총 측정회수
xn=x1[-c(1,n)] ;yn=y1[-c(1,n)] # x_1 =0,1의 값은 제외
Pn=P[-c(1,n)]

x=cbind(xn,1-xn); y=cbind(yn,1-yn)
```

```
# 기액평형 데이터를 이용한 활동도 계수 계산(γ_i = y_iΦ_iP / x_iP_i^sat)
ExgamC=NULL
for (i in 1:length(x[,1])){
  ExgamC=rbind(ExgamC,(y[i,]*PPHi(y[i,],Pn[i]))*Pn[i]/(x[i,]*Psat))
}

colnames(ExgamC)=c("gamma1","gamma2")
ExgamC
        gamma1     gamma2  # γ1, γ2(순서대로)
 [1,] 1.258465 1.0026656
 [2,] 1.419287 1.0022239
 [3,] 1.404554 0.9961834
 [4,] 1.355765 0.9998965
 [5,] 1.295888 1.0164497
 [6,] 1.238805 1.0458609
 [7,] 1.188043 1.0898655
 [8,] 1.129022 1.1818300
 [9,] 1.072156 1.3607492
[10,] 1.017260 1.8135764
[11,] 1.002053 2.1595517

# 실험 데이터로부터 측정된 활동도 계수를 이용하여 과잉 깁스 에너지 계산
GE_RT=x[,1]*log(ExgamC[,1])+x[,2]*log(ExgamC[,2])

WilGibbs=function(lamda) {
  lam12=lamda[1]
  lam21=lamda[2]
  return(-x[,1]*log(x[,1]+lam12*x[,2])-x[,2]*log(lam21*x[,1]+x[,2]))
}

OBJ=function(lamda) {
  sum((GE_RT-WilGibbs(lamda))^2)
}

para=optim(c(0.5,0.5),OBJ) # 목적함수이 최소화를 이용한 Λ12, Λ21의 계산
lamda=para$par
lamda
[1] 1.5483482 0.2127583 # 순서대로 Λ12, Λ21

# 수정된 Raoult 법칙을 이용한 기액평형 계산을 함수정의
```

```
# 액상 조성, 증기압, Wilson 식의 매개변수 Λ12, Λ21을 인수로 취하여
# 평형 압력과 기상조성을 리턴하는 함수
YPini=function(x,lam,p){
  x1=x; x2=1-x1
  psat=p; lamda=lam
    gam_c=function(lamda,x) {
    lam12=lamda[1]; lam21=lamda[2]
    x1=x ; x2=1-x1
    res=cbind(-log(x1+lam12*x2)+x2*(lam12/(x1+lam12*x2)-lam21/(x2+lam21*x1)),
              -log(x2+lam21*x1)-x1*(lam12/(x1+lam12*x2)-lam21/(x2+lam21*x1)))
    return(exp(res))
  }

  gamma=gam_c(lamda,x1)
  Pcal=gamma[,1]*x1*psat[1]+gamma[,2]*x2*psat[2]
  y1cal=gamma[,1]*x1*psat[1]/Pcal
  return(cbind(x1,y1cal,Pcal,gamma))
} # YPini 함수 정의의 끝

# BUBL P 문제 계산 시작
xc=seq(0,1,0.01) # 기포점 압력 문제를 풀고자 하는 액상의 조성
res3=YPini(xc,lamda,Psat)  # 수정된 Raoult 법칙을 통해 yi, P의 초기치 계산
yini=res3[,2]; Pini=res3[,3]; Gamma=res3[,4:5]

# 수정된 Raoult 법칙을 이용하여 계산된 yi, P를 이용한 Φi의 초기치 계산
PPH_ini=NULL
for (i in 1:length(yini)) {
  yi=c(yini[i],1-yini[i])
  Pi=Pini[i]
  PPH_ini=rbind(PPH_ini,PPHi(yi,Pi))
}

# 반복 계산을 통한 관심 액상 조성에서의 평형 기상조성과 압력 계산
yc=numeric(length(xc))
Pe=numeric(length(xc))
for (i in 1:length(xc)) {
  x=c(xc[i],1-xc[i]); gamma=Gamma[i,]
  pphi=PPH_ini[i,]
  repeat {
    Ps=sum(x*gamma*Psat/pphi)
    yi=x*gamma*Psat/(pphi*Ps)
```

```
    yT=sum(yi)
    if (abs(yT-1)<0.0001) break
    else {
      Ps=Ps*yT
    }
    yi=yi/yT
    pphi=PPHi(yi,Ps)
  }
  yc[i]=yi[1]
  Pe[i]=Ps
}
# 그림 5.9 작성
x11()
plot(x1,P,xlim=c(0,1),ylim=c(0,20), xlab=expression(paste(x[1],", ",y[1],sep=""))
     ,ylab="P (bar)",pch=1)
par(new=TRUE)
plot(y1,P,xlim=c(0,1),ylim=c(0,20),xlab="",ylab="",pch=2)
lines(xc,Pe,lty=1)
lines(yc,Pe,lty=2)
grid()
```

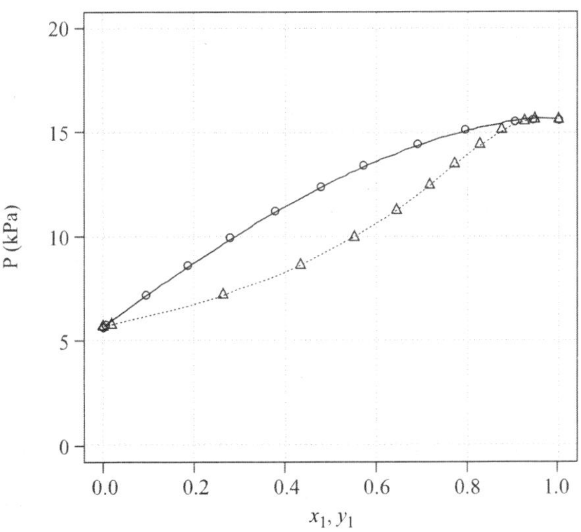

그림 5.9 428.15 K에서 methanol(1)/dimethyl carbonate(2)의 Pxy 그래프. 실험값은 빈 원(x_1)과 삼각형(y_1)을 나타내며, 실선과 점선은 Wilson 식과 Peng/Robinson 식을 이용한 감마-파이 모델에 의해 추정된 값을 나타낸다.

그림 5.8과 5.9를 비교해보면 기상 조성에 대한 예측 값은 모두 실험값과 좋은 일치를 보이고 있는 반면에 액상 조성은 그림 5.9에서 좀 더 정확한 예측을 보이고 있다. 그러나 기상을 Peng/Robinson 식으로 모델링하는 것은 비리얼 식으로 계산하는 것보다 조금 더 복잡한 계산을 요구한다.

보기 5-3

감마-파이 모델을 이용한 플래쉬 문제의 계산 [19)]

n-hexane(1) / Ethanol(2) / Methylcyclopentane(3) / Benzene(4) 계가 1기압, 334.15 K의 상태에 있을 때 기상과 액상의 조성을 감마-파이 모델을 사용하여 계산하되, 액상의 활동도 계수는 UNIFAC 모델을 사용하고 기상의 휘산도 계수는 비리얼 상태식을 사용하라. 원료 혼합물의 몰분율은 $z_1 = 0.25$, $z_2 = 0.40$, $z_3 = 0.20$, $z_4 = 0.15$이며, 증기압은 Antoine 식($\ln P_i^{sat} = A_i - \dfrac{B_i}{T+C_i}$)으로 주어지며 각 성분들의 Anoine 식의 매개변수는 다음과 같다(Anoine 식에서 T의 단위는 kelvin이며, P의 단위는 기압이다).

각 성분에 대한 Antoine 식의 매개변수 값

성분	A	B	C
n-hexane(1)	9.2033	2,697.55	−48.78
Ethanol(2)	12.2786	3,803.98	−41.68
Methylcyclopentane(3)	9.1690	2,731.00	−47.11
Benzene(4)	9.2675	2,788.51	−52.36

비리얼 계수 B_{ij} (cm^3/mol)

	$j=1$	$j=2$	$j=3$	$j=4$
$i=1$	−1,360.1	−657.0	−1,274.2	−1,218.8
$i=2$	−657.0	−1,174.7	−621.8	−589.7
$i=3$	−1,274.2	−621.8	−1,191.9	−1,137.9
$i=4$	−1,218.8	−589.7	−1,137.9	−1,086.9

풀이　그림 5.5에서 나타난 알고리듬을 따라서 문제를 풀어보도록 하자. 액상의 활동도 계수는 UNIFAC 모델을 사용하므로 이에 대한 매개변수들이 필요하다. 보기 4-13에서의 4성분계와 비교할 때 2,2,4-trimethylpentane 대신에 Methylcyclopentane이 포함된 경우이다. 2,2,4-trimethylpentane과 Methylcyclopentane는 그룹의 관점에서 보면 다음과 같이 메틸기의 숫자만 다를 뿐이다.

2,2,4-trimetylpentane : $5CH_3 + 1CH_2 + 1CH + 1C$

Methylcyclopentane : $3CH_3 + 1CH_2 + 1CH + 1C$

따라서, 보기 4-13에서의 UNIFAC 매개변수들을 그대로 사용할 수 있다.
비리얼 상태식을 이용하여 기상의 휘산도 계수를 계산할 때 다음 식을 이용해보자[20].

$$\ln \hat{\phi}_i = \frac{P}{RT}\left[B_{ii} + \frac{1}{2}\sum_j \sum_k y_j y_k (2\delta_{ji} - \delta_{jk})\right] \tag{A}$$

여기에서 $\delta_{ji} = 2B_{ji} - B_{jj} - B_{ii}$로 정의되므로 $\delta_{ii} = 0, \delta_{ik} = \delta_{ki}$이다. 주어진 온도에서 순수한 성분 i의 포화상태에서의 휘산도 계수를 식 A를 이용하여 계산하면

$$\ln \phi_i^{sat} = \frac{P^{sat}}{RT} B_{ii} \tag{B}$$

이 된다. 주어진 문제에서 압력이 낮으므로 포인팅 인자의 값을 1로 두면 식 (A), (B)를 이용하여 Φ_i는 다음과 같이 나타낼 수 있다.

$$\Phi_i = \exp\left[\frac{B_{ii}(P - P^{sat}) + \frac{P}{2}\sum_j \sum_k y_j y_k (2\delta_{ji} - \delta_{jk})}{RT}\right] \tag{C}$$

기상혼합물에 대한 Φ_i를 계산할 때 위의 식 (C)를 이용해 보도록 하자. 문제 풀이를 위한 R 프로그램은 다음과 같다.

```
TK=334.15 # 플래쉬 온도
nc=4 # 성분의 수
z=c(0.25,0.4,0.2,0.15) # 원료 혼합물의 조성 z_i
Rg=82.06 # 기체상수(cm^3 atm/mol K)

# UNIFAC 매개변수(보기 4-13 참조)
nk=6
R=c(0.9011,0.6744,0.4469,0.2195,0.5313,1.0000)
Q=c(0.848,0.540,0.228,0.000,0.400,1.200)
nu=matrix(c(2,1,3,0,4,1,1,0,0,0,1,0,0,0,1,0,0,0,0,6,0,1,0,0),nrow=nk,ncol=nc,
                              byrow=TRUE)
colnames(nu)=paste(rep("comp",4),1:4,sep="")
rownames(nu)=paste(rep("group",6),1:6,sep="")
nu
```

```
       comp1 comp2 comp3 comp4
group1     2     1     3     0
group2     4     1     1     0
```

```
group3    0    0    1    0
group4    0    0    1    0
group5    0    0    0    6
group6    0    1    0    0
```

```
# 그룹간 상호작용 매개변수
A=matrix(c(0,0,0,0,61.63,986.5,0,0,0,0,61.13,986.5,0,0,0,0,61.13,986.5,
           0,0,0,0,61.13,986.5,-11.12,-11.12,-11.12,-11.12,0,636.1,
           156.4,156.4,156.4,156.4,89.60,0),nrow=nk,ncol=nk,byrow=TRUE)
tau=exp(-A/TK)
rownames(tau)=paste(rep("group",6),1:6,sep="")
colnames(tau)=paste(rep("group",6),1:6,sep="")
tau
```

```
          group1    group2    group3    group4    group5     group6
group1 1.0000000 1.0000000 1.0000000 1.0000000 0.8315714 0.05222119
group2 1.0000000 1.0000000 1.0000000 1.0000000 0.8328166 0.05222119
group3 1.0000000 1.0000000 1.0000000 1.0000000 0.8328166 0.05222119
group4 1.0000000 1.0000000 1.0000000 1.0000000 0.8328166 0.05222119
group5 1.0338384 1.0338384 1.0338384 1.0338384 1.0000000 0.14902576
group6 0.6262202 0.6262202 0.6262202 0.6262202 0.7647984 1.00000000
```

```
# 각 성분의 부피계산
r=numeric(nc)
for( i in 1:nc) {
  r[i]=sum(R*nu[,i])
}

# 각 성분의 표면적 계산
q=numeric(nc)
for( i in 1:nc) {
  q[i]=sum(Q*nu[,i])
}
```

```
# 액상의 조성을 인수로 받아 UNIFAC 모델을 통해 활동도 계수를
# 계산하는 함수 정의
UNIFAC=function(x) { # UNIFAC 함수 정의 시작부분
Ji=r/sum(r*x)
Li=q/sum(q*x)

lngam_c=1-Ji+log(Ji)-5*q*(1-Ji/Li+log(Ji/Li))

#
```

```
MQ=matrix(rep(Q,nc), nrow=nk)
Mq=matrix(rep(q,nk),ncol=nc,byrow=TRUE)
Eki=MQ*nu/Mq
BEik=function(i,k) sum(Eki[,i]*tau[,k])

#
THEk=numeric(nk)
for (i in 1:nk) {
  THEk[i]=sum(x*q*Eki[i,])/sum(x*q)
}

S=function(i) sum(THEk*tau[,i])

lngam_r=function(i) {
  ss=0
  for (k in 1:nk) {
    ss=ss+THEk[k]*BEik(i,k)/S(k)-Eki[k,i]*log(BEik(i,k)/S(k))
  }
  return(q[i]*(1-ss))
}

lngam_res=c(lngam_r(1),lngam_r(2),lngam_r(3),lngam_r(4))

lngam=lngam_c+lngam_res
gamma=exp(lngam)
return(gamma)
}  # UNIFAC 함수 정의 끝부분

# Antoine 식의 매개변수
A=c(9.2033, 12.2786, 9.1690, 9.2675)
B=c(2697.55, 3803.98, 2731.00, 2788.51)
C=c(-48.78, -41.68, -47.11, -52.36)

Psat=exp(A-B/(TK+C)) # Antoine 식을 이용한 증기압 계산

# 비리얼 계수
BM=matrix(c(-1360.1, -657.0,-1274.2,-1218.8,
            -657.0,-1174.7,-621.8, -589.7,
            -1274.2,-621.8, -1191.9, -1137.9,
            -1218.8, -589.7, -1137.9, -1086.9),byrow=TRUE, ncol=4)

BM  # cm^3/mol
        [,1]     [,2]     [,3]     [,4]
```

```
[1,] -1360.1   -657.0 -1274.2 -1218.8
[2,]  -657.0 -1174.7   -621.8  -589.7
[3,] -1274.2   -621.8 -1191.9 -1137.9
[4,] -1218.8   -589.7 -1137.9 -1086.9
```

```
#  식 A의 δji = 2Bji − Bjj − Bii 의 계산
delta=matrix(,ncol=nc,nrow=nc)
for (i in 1:nc) {
  for (j in 1:nc){
    delta[j,i]=2*BM[j,i]-BM[i,i]-BM[j,j]
    if (j==i) delta[i,j]=0
  }
}

delta
```

```
        [,1]   [,2]   [,3]   [,4]
[1,]     0.0 1220.8    3.6    9.4
[2,] 1220.8     0.0 1123.0 1082.2
[3,]     3.6 1123.0    0.0    3.0
[4,]     9.4 1082.2    3.0    0.0
```

```
# 기상의 조성과 압력을 인수로 받아 식 (C)를 이용하여 Φi 를 계산하는 함수 정의
PPHi=function(y,p) {
  yc=y; P=p
  PPH=numeric(nc)
  for (i in 1:nc){
    sumy=0
    for (j in 1:nc) {
      for (k in 1:nc) {
        sumy=sumy+yc[j]*yc[k]*(2*delta[j,i]-delta[j,k])
      }
    }
    PPH[i]=exp((BM[i,i]*(P-Psat[i])+sumy*P/2)/(Rg*TK))
  }
  return(PPH)
}

# 플래쉬 온도에서 DEW P 계산
y=z
p=1/sum(y/Psat) # Raoult의 법칙을 가정한 p의 초기치 계산
xi=y*p/Psat # Raoult의 법칙을 가정한 액상의 초기치 계산
```

```
repeat { # DEW P 계산을 위한 반복구문 시작
x=y*PPHi(y,p)*p/(UNIFAC(xi)*Psat)
xT=sum(x)
x=x/xT
if (abs(xT-1)<0.0001) break
else {
  p=p/xT
}
xi=x
} # DEW P 계산을 위한 반복구문 끝

Pdew=p
PPHdew=PPHi(y,p)
GAMdew=UNIFAC(x)

Pdew # 이슬점에서의 압력
[1] 0.9662062
PPHdew # 이슬점에서의 Φi
[1] 0.9982292 0.9939277 0.9948868 0.9884968
GAMdew # 이슬점에서의 γi
[1] 2.971129 1.160037 2.849116 2.335545

# 플래쉬 온도에서 BUBL P 계산

x=z
p=sum(x*UNIFAC(x)*Psat)
yi=x*UNIFAC(x)*Psat/p

repeat { # BUBL P 계산을 위한 반복구문 시작
  y=x*UNIFAC(yi)*Psat/(PPHi(yi,p)*p)
  yT=sum(y)
  y=y/yT

  if (abs(yT-1)<0.0001) break

  else {
    p=p*yT
  }
  yi=y
} # BUBL P 계산을 위한 반복구문 끝
```

```
Pbubl=p
PPHbubl=PPHi(y,p)
GAMbubl=UNIFAC(x)
Pbubl # 기포점에서의 압력
[1] 1.029979
PPHbubl # 기포점에서의 Φi
[1] 0.9948950 0.9931423 0.9919311 0.9858042
GAMbubl # 기포점에서의 γi
[1] 1.633997 1.826112 1.612821 1.582845

# 플래쉬 압력은 1 atm이며 기포점 압력 1.029979 atm과 이슬점 압력 0.9662062 atm
# 사이에 있으므로 혼합물은 플래쉬 온도와 압력에서 기상과 액상이 공존함을 알 수 있다.

# 플래쉬 문제 계산
P=1 # atm

# 식 5.3.11을 이용하여 γi, Φi 초기치 설정
GAMini=(P-Pdew)/(Pbubl-Pdew)*(GAMbubl-GAMdew)+GAMdew
PPHini=(P-Pdew)/(Pbubl-Pdew)*(PPHbubl-PPHdew)+PPHdew
Vini=(Pbubl-P)/(Pbubl-Pdew) # 식 5.3.9에서 V의 초기치 계산
gam=GAMini # γi 초기치
pph=PPHini # Φi 초기치

K=gam*Psat/(pph*P) # 식 5.3.10을 이용한 Ki 초기치 계산
Vcal=function(v) sum(z*(K-1)/(1+v*(K-1))) # 식 5.3.9를 v에 대한 함수로 정의

# 반복계산을 이용한 기상과 액상의 조성계산
repeat {
V=multiroot(Vcal,Vini)$root
x=z/(1+V*(K-1))
y=K*x
K=UNIFAC(x)*Psat/(PPHi(y,P)*P) # 식 5.3.10
if (abs(V-Vini)<1e-6) break
 else Vini=V
}

x  # 액상의 몰분율 (순서대로 x1, x2, x3, x4)
[1] 0.1400325 0.5956352 0.1257770 0.1385559
y  # 기상의 몰분율 (순서대로 y1, y2, y3, y4)
[1] 0.2663778 0.3708634 0.2110543 0.1517044
K  # Ki
```

```
[1] 1.9022359 0.6226393 1.6779857 1.0948880
V # 원료의 몰수를 1로 했을 때 기상의 몰수
[1] 0.8703724
```

감마-파이 모델을 통해 계산된 액상과 기상의 조성 및 K_i는 다음 표와 같다.

성분	z_i	x_i	y_i	K_i
n-hexane(1)	0.250	0.140	0.266	1.902
Ethanol(2)	0.400	0.596	0.371	0.623
Methylcyclopentane(3)	0.200	0.126	0.211	1.678
Benzene(4)	0.150	0.139	0.152	1.095
플래쉬 온도 : T=334.15 K, 압력 : 1 atm, V=0.87 (증기의 몰분율)				

위의 결과는 활동도 계수를 그룹 기반의 예측 모델인 UNIFAC을 사용한 결과이므로, Wilson 식이나 UNIQUAC 모델을 사용한 경우보다 정확도가 낮을 수 있지만, 실험 데이터가 전혀 알려져 있지 않은 경우 예측값으로 활용될 수 있다.

19) 여영구, MATLAB 전산화학공학(맥그로힐에듀케이션코리아 유한회사, 2015), p. 208.

20) Smith, J.M., H.C. Van Ness and M.M. Abbott, Introduction to Chemical engineering Thermodynamics, 7th ed. (Boston: McGraw-Hill, 2005), p. 546.

MEMO

부록

_ APPENDIX

CHAPTER **A.1**

R 프로그램 설치

R 프로그램은 SAS, SPSS, Minitab 등의 통계 프로그램과 비슷한 기능을 갖고 있는 무료 공개 소프트웨어로서 비전공자도들도 부담 없이 사용할 수 있는 장점 때문에 급속히 확산되고 있다. R의 공식적인 홈페이지(https://www.r-project.or)에 접속하면 프로그램의 다운로드 및 관련 매뉴얼, 사용자 그룹에 대한 정보를 얻을 수 있다. R을 설치한 후 실행하면 다음과 같은 인사말이 나오고 > 표시와 함께 R 프롬프트가 뜬다.

```
R version 3.2.3 (2015-12-10) -- "Wooden Christmas-Tree"
Copyright (C) 2015 The R Foundation for Statistical Computing
Platform: x86_64-w64-mingw32/x64 (64-bit)

R은 자유 소프트웨어이며, 어떠한 형태의 보증 없이 배포됩니다.
또한, 일정한 조건 하에서 이것을 재배포 할 수 있습니다.
배포와 관련된 상세한 내용은 'license( )' 또는 'licence( )'을 통하여 확인할 수 있습니다.

R은 많은 기여자들이 참여하는 공동프로젝트입니다.
'contributors( )'라고 입력하시면 이에 대한 더 많은 정보를 확인하실 수 있습니다.
그리고, R 또는 R 패키지들을 출판물에 인용하는 방법에 대해서는 'citation( )'을 통해 확인하
시길 부탁드립니다.

'demo( )'를 입력하신다면 몇 가지 데모를 보실 수 있으며, 'help( )'를 입력하시면 온라인 도움
말을 이용하실 수 있습니다.
또한, 'help.start( )'의 입력을 통하여 HTML 브라우저에 의한 도움말을 사용하실수 있습니다.
R의 종료를 원하시면 'q( )'을 입력해주세요.

>
```

위의 화면을 보통 'R 콘솔'이라고 한다. R 프롬프트에 명령어를 입력하면 결과를 바로 보여주는 데 이를 인터랙티브 모드라고 한다. 예를 들면, 정규분포 $N(0,1)$로부터 랜덤으로 1000개의 수를 추한 뒤 절대값을 취한 후 평균을 계산하는 코드는 다음과 같다.

```
> mean(abs(rnorm(1000)))
[1] 0.8071761
```

결과부분은 옅은 음영으로 표시되어 있다. 위에서 [1]은 결과에서 이 줄에 나오는 값이 1번 위치에 있다는 것을 의미한다. 이러한 기능은 결과가 여러 줄에 나올 때 유용하다.

```
> x=rnorm(20)
> x
 [1]  1.90388214 -1.10553654 -0.78729832  0.26966664  0.19929151  0.34416765
 [7] -0.56993306 -0.88807587 -0.53728379  0.81591770 -0.53524346 -1.58790775
[13] -0.03916014 -1.05717437 -0.53218948 -0.24192109 -1.45187607  0.60271917
[19]  0.10052286  0.31014495
```

위에서 변수 x에서 20개의 숫자가 할당되는 데, 세 번째 줄에 [13]이 표시되어 있으므로 x에서 15번째 수는 –0.53218948임을 알 수 있다. 이러한 인터랙티브 모드는 명령어가 즉각적으로 실행되어 결과를 볼 수 있는 장점이 있지만, 다소 긴 프로그램을 작성할 때나 프로그램의 편집 및 수정 등의 작업이 불편한 단점이 있다. 따라서, GUI를 이용하면 편리할 때가 많다. Rstudio는 무료로 사용할 수 있는 R용 GUI 중의 하나로서 https://www.rstudio.com에서 무료로 다운로드 받아 사용할 수 있다. 참고로 이 책의 R 코드는 모두 Rstudio를 이용하여 작성 및 실행되었다. Rstudio를 사용하기 전에 먼저 컴퓨터에 R이 설치되어 있어야 함을 잊지 말자. Rstudio를 사용하면 코드의 편집 및 수정이 용이하고 인터랙티브 모드의 R 콘솔과 달리 원하는 코드만 선별하여 실행할 수도 있다. 따라서, 저자는 독자들에게 Rstudio를 사용해 보기를 권한다. R 프로그래밍에 관심을 가진 독자들이라면 Rstudio 외에도 다음에 나열된 공개 소스나 R용 무료 GUI들도 참조하기 바란다.

- StatET, http://www.walware.de/goto/statet/
- ESS (Emacs Speaks Statistics), https://ess.r-project.org
- JGR (Java GUI for R), https://www.rforge.net/JGR

CHAPTER A.2

R의 데이터 구조

R은 다양한 데이터 구조를 지원한다. 여기에서는 R의 기본적인 몇 가지 데이터 구조를 살펴보기로 하자.

1. 벡터

벡터는 R에서 모든 데이터 구조 가운데 가장 기본적인 구조로서 동일한 데이터 타입의 어떤 값들을 포함하고 있다. 여기에서 데이터 타입은 정수형, 실수형, 논리형, 문자열 등이 포함될 수 있다.

```
> x = c(1,2,3,4)
> x
[1] 1 2 3 4
> y = letters[1:10]
> y
 [1] "a" "b" "c" "d" "e" "f" "g" "h" "i" "j"
```

2. 리스트

리스트는 동일한 타입이 아닌 데이터를 저장할 때 사용될 수 있다.

```
> y = list(a = 1, 17, b = 4:5, c = "a")
> y
$a
[1] 1
[[2]]
[1] 17
$b
[1] 4 5
$c
[1] "a"
> names(y)
[1] "a" ""  "b" "c"
```

리스트의 어떤 길이도 가능하며, 위의 예에서 보는 바와 같이 리스트의 요소는 이름을 가질 수도, 가지지 않을 수도 있다 (y의 두 번째 요소의 경우 할당된 이름이 없다).

3. 데이터 프레임

특별한 종류의 리스트로서 대부분의 경우에 행과 각 사건에서 측정된 다른 변수에 해당하는 열로 이루어진 장방형 구조로 표현된다. 따라서, 행렬로 나타나는 것이 적절하다고 생각할 수 있지만 이것은 모든 변수가 동일한 타입일 때만 가능하다.

```
> students=c("man-su","su-ji","min-ho")
> score=c(80,90,85)
> dat=data.frame(students,score,stringsAsFactors=FALSE)
> dat
  students   score
1   man-su     80
2    su-ji     90
3   min-ho     85
```

위에서는 보는 바와 같이 데이터 프레임 dat의 첫 번째 열은 문자열로, 두 번째 열은 정수로 되어 있음을 알 수 있다. 이와 같이 데이터 프레임의 각 열은 같은 형식의 데이터로 구성된다. 데이터 프레임으로부터 일부분의 데이터를 추출하는 것은 가능하다.

```
> dat[2:3,]
  students   score
2     su-ji      90
3   min-ho     85
```

데이터 프레임을 형성할 때 stringsAsFactors 라고 명명된 인수가 따로 정의되어 있지 않다면 stringsAsFactors는 기본적으로 TRUE 값을 가지게 된다. 이 때 R에서는 데이터 프레임의 문자열 벡터는 인수(factor)로 바뀐다.

```
> dat2=data.frame(list(name=c("Kim","Park","Jung","Lee"), score=c(80,90,65,95))
> dat2
  name score
1  Kim    80
2 Park    90
3 Jung    65
4  Lee    95
> str(dat2)
'data.frame':    4 obs. of  2 variables:
 $ name  : Factor w/ 4 levels "Jung","Kim","Lee",..: 2 4 1 3  # 인수로 바뀜
 $ score: num  80 90 65 95
> str(dat)
'data.frame':    3 obs. of  2 variables:
 $ students: chr  "man-su" "su-ji" "min-ho"  # 문자열 벡터
 $ score    : num  80 90 85
```

CHAPTER A.3

R의 연산자

다음의 표는 R의 단항, 이항 연산자를 나타내었으며, 위에서부터 우선순위가 높은 것부터 낮은 순위로 순서대로 나타내었다. 동일한 행에 표시된 연산자들은 쉼표로 구분되어 있으며 동일한 우선순위를 가진다. 동일한 우선순위의 연산자에 식에 나타날 때는 왼쪽에서부터 오른쪽으로 계산된다.

연산자	설 명
[, [[	첨자, 서브세팅
::, :::	네임 스페이스 접근
$, @	명명된 요소에 접근, 슬롯 접근
^	멱승
+, -	더하기, 빼기
:	서열 연산자
%any%	특수 연산자
*, /	곱하기, 나누기
+, -	이진 가산, 이진 감산
<, >, <=, >=, ==, !=	비교
!	부정
&, &&	논리곱
|, ||	논리합
~	공식 정의
=, ->	오른쪽으로 할당
=	왼쪽으로 할당
=, <-	왼쪽으로 할당
?	도움말(단항, 이항 모두)

CHAPTER A.4

R을 이용한 수학계산

R에는 광범위한 수학함수를 내장하고 있다.

내장함수	기능
exp( )	e를 밑으로 하는 지수함수
log( )	자연로그 함수
log10( )	밑을 10으로 하는 로그함수
sqrt( )	제곱근 함수
abs( )	절대값을 계산하는 함수
sin( ), cos( ) 등	삼가함수
min( ), max( )	벡터 내의 최소값/최대값을 구하는 함수
sum( ), prod( )	벡터 원소들의 합과 곱을 계산하는 함수
cumsum( ), cumprod( )	벡터 원소들의 누적합과 누적곱을 계산하는 함수
round( ), floor( ), ceiling( )	값의 반올림, 내림, 올림
factorial( )	팩토리얼 함수

내장함수 cumsum( )과 cumprod( )를 이용하여 누적합과 누적곱을 계산해 보자.

```
> x=c(1,4,8)
> cumsum(x)
[1]  1  5 13
> cumprod(x)
[1]  1  4 32
```

최소값을 구하는 함수 min( )과 pmin( )의 차이점을 다음의 코드를 통해 살펴보자.

```
> z=matrix(c(1,2,3,4,5,6),ncol=2,byrow=TRUE)
> z
     [,1] [,2]
[1,]    1    2
[2,]    3    4
[3,]    5    6
> min(z[,1],z[,2])
[1] 1
> pmin(z[,1],z[,2])
[1] 1 3 5
```

위에서 보는 바와 같이 min( )은 (1,3,5,2,4,6) 중 가장 작은 값을 계산한다. 하지만, pmin( )은 1과 2, 3과 4, 5와 6을 각각 비교하여 최소값 (1,3,5)를 리턴한다. 함수의 최소값 및 최대값은 nlm( )이나 optim( )을 이용하여 계산할 수 있다. 예를 들어, $f(x) = x^2 - 3\sin(x)$의 최소값을 다음과 같이 계산될 수 있다.

```
> nlm(function(x) return(x^2-3*sin(x)),8)
$minimum
[1] -1.540463
$estimate
[1] 0.9148559
$gradient
[1] -2.260414e-07
$code
[1] 1
$iterations
[1] 6
```

위의 결과를 통해 최소값은 $x = 0.9148559$일 때 약 -1.54라는 것을 알 수 있다. 이 경우 Newton-Raphson 방법을 사용하여 6번 반복 시행되었으며 초기의 x 값으로 8을 설정하였다.

R에서는 미분 및 수치의 적분을 포함한 몇 가지 미적분 계산도 가능하다.

```
> D(expression(x^2*sin(x)),"x")
2 * x * sin(x) + x^2 * cos(x)
> integrate(function(x) 3*x^2+1,0,1)
2 with absolute error < 2.2e-14
```

위의 결과는 다음의 식들을 유도해 낸다.

$$\frac{d}{dx}x^2\sin(x) = 2x\sin(x) + x^2\cos(x)$$

$$\int_0^1 (3x^2+1)dx \approx 2$$

R에 기본적으로 내장된 수학함수와 연산자 그리고 조건문들을 이용하면 복잡한 계산을 수행할 수 있는 코드를 작성할 수 있다. 다음 코드는 독립적으로 정규분포 $N(0,1)$을 만족하는 랜덤변수 X, Y의 예상 최대값을 구하는 예제이다.

```
> sum=0
> nreps=1000
> for (i in 1:nreps) {
+ xy=rnorm(2)
+ sum=sum+max(xy)
+ }
> print(sum/nreps)
[1] 0.5886969
```

R에서 기본적으로 제공되는 함수 외에 많은 유용한 함수들이 포함된 패키지를 이용할 수 있다. 예를 들면, "rootSolve" 패키지에는 방정식의 근을 계산하는 multiroot( )가 포함되어 있다. multiroot( ) 함수를 이용하기 위해서는 다음과 같이 require( ) 함수를 통해 "rootSolve" 패키지를 로더시키면 된다. 만약 "rootSolve" 패키지가 인스톨 되어 있지 않다면 install.packages( )를 이용하여 해당 패키지를 인스톨 시킨 후, 패키지를 로더 하도록 한다. 아래의 코드는 multiroot( ) 함수를 이용하여 방정식 $x^3 - 3x^2 + 1 = 0$의 근을 계산하는 과정을 나타낸다.

```
> install.packages("rootSolve") # rootSolve  패키지 인스톨
> require(rootSolve) # rootSolve 패키지 로더
필요한 패키지를 로딩 중입니다: rootSolve
> fx=function(x) x^3-3*x^2+1
> multiroot(fx,c(0,1))
$root
[1] 2.8793852 0.6527036
$f.root
[1]  3.644455e-09 -2.220446e-16
$iter
[1] 47
$estim.precis
[1] 1.822228e-09
```

multiroot( ) 함수는 Newton-Raphson 방법을 이용하여 근을 찾으며 위의 코드에서는 초기값으로서 0과 1을 사용하였다. $x^3-3x^2+1=0$의 두 개의 실근, 즉 2.8793852와 0.6527036을 가짐을 알 수 있다.

찾아보기

가

다

바

사

아

자

파

하

A

저 자: **도진환**(都軫煥)

- 한국과학기술원 생명화학공학과 박사
- 영국 맨체스터 대학 포스닥 (생물정보학)
- 일본동경대 휴먼게놈센터 연구원 (DNA 정보해석)
- 현) 동양대학교 화공생명공학과 교수

저 서: Cell Illustrator와 패스웨이 데이터 베이스를 통해 배우는 시스템 생물학의 기초(역서), 시스템 생물학 입문: 생물학적 회로의 설계원리(역서), 화공열역학: R을 이용한 상태방정식 활용(저서)

화공열역학
: R을 이용한 혼합물의 기액평형 해석

정가 14,000원

발 행 2017년 4월 20일 초판 1쇄
저 자 도진환
발행인 정우용
발행처 도서출판 **동화기술**
경기도 파주시 광인사길 201(문발동, 파주출판도시)
Tel (031)955-4211~6 donghwapub@nate.com
Fax (031)955-4217 www.donghwapub.co.kr
(등록) 1977년 12월 19일/9-16호

ISBN 978-89-425-9126-8